U0366333

广西城乡发展
研究报告

2019—2020

华蓝设计（集团）有限公司　编

中国建筑工业出版社

图书在版编目（CIP）数据

广西城乡发展研究报告：2019—2020／华蓝设计（集团）有限公司编. —北京：中国建筑工业出版社，2020.12

ISBN 978-7-112-25481-1

Ⅰ.①广… Ⅱ.①华… Ⅲ.①城市建设－经济发展－研究报告－广西－2019-2020 Ⅳ.①F299.276.7

中国版本图书馆CIP数据核字（2020）第184893号

本书结合当前广西经济社会发展的实际状况，形成主报告、广西城市竞争力板块、广西县域竞争力板块、城乡发展专题研究板块等章节，对广西城乡发展进行了较全面的专业化、定量化、系统化研究，客观、详尽地反映广西城镇化现状，提出了相应的解决方案和建议，为决策者、管理者、研究者及社会各界提供参考。本书可供从事经济、文化、社会发展战略研究、城市地理、城市规划与建筑、城市管理等工作者研究参考，也可供有关大专院校师生阅读参考。

责任编辑：唐　旭
文字编辑：孙　硕
版式设计：锋尚设计
责任校对：王　烨

广西城乡发展研究报告2019—2020
华蓝设计（集团）有限公司　编

*

中国建筑工业出版社出版、发行（北京海淀三里河路9号）
各地新华书店、建筑书店经销
北京锋尚制版有限公司制版
北京建筑工业印刷厂印刷

*

开本：787毫米×1092毫米　1/16　印张：15　字数：261千字
2020年12月第一版　2020年12月第一次印刷
定价：68.00元
ISBN 978 - 7 - 112 - 25481 - 1
（36498）

本书编委会

顾　问：杨　鹏

总　编：莫海量

主　编：欧阳东

副主编：陈　玉　孙永萍

主要参编人员：（根据文章先后顺序排列）

刘星光　王万军　张卫华　刘东燕　郑保力

潘若琦　杨凯娜　叶允最　刘俊杰　李瑞红

陈智霖　李　强　陈春炳　王辛宇　郑雄彬

高　鸿　苏　薇

调研人员：莫文华　郭敬锋　严梓予

序

　　推动城乡发展是破解我国新时代社会主要矛盾的关键抓手。2018年9月21日，习近平总书记在十九届中共中央政治局第八次集体学习时指出："要走城乡融合发展之路，向改革要动力，加快建立健全城乡融合发展体制机制和政策体系。"2019年5月，国务院印发《关于建立健全城乡融合发展体制机制和政策体系的意见》，贯彻落实了党的十九大精神的重大决策部署，对未来中国城乡融合发展做出规划安排，具有重要的政策价值和现实意义。

　　城乡发展的关键是将城市化建设好，让城市化带动更多人享受现代化经济体系和公共服务体系，通过以城带乡、以工促农的方式来破解城乡融合中所面临的难题。近年来，广西积极推进落实"三大定位"新使命，努力构建"南向、北联、东融、西合"全方位开放新格局。广西将"重塑城乡关系"置于重中之重的地位，提出"聚焦乡村振兴，进一步促进城乡区域协调发展"，不断完善城乡环境，统筹推进城乡发展，促进经济社会繁荣发展，提升宜居指数和人民幸福感。截至2019年，广西全区常住人口城镇化率为51.09%，户籍人口城镇化率为32.49%；2013～2018年累计实现农业转移人口落户城镇521万人。目前，广西正扎实推进城市建设补短板和转方式，提升基本公共服务水平，提高城镇吸引力和承载力，通过深入实施乡村振兴战略推动城乡融合发展。

　　《广西城乡发展研究报告2019—2020》（简称《报告》）坚持"理论研究、施政分析、经验介绍、案例比较、信息服务、政策建议"的编写原则，提出以"总量、质量、动力"为衡量标准的广西城市竞争力评价模型，在总量竞争力（经济实力）、质量竞争力（生活水平、社会公平、生态环境）、动力竞争力（人才与科技创新能力、开放程度、交通便捷、信息水平）三大方面共选取了34个指标，利用主成分分析法、德尔菲法、聚类分析法构建了城市竞争力评价指标体系，基于相关数据资料，结合当前广西经济社会文化发展的实际状况，对广西城乡发展进行定量化、系统性研究。

《报告》旨在全面记录广西城镇化发展过程中取得的成就和经验，对广西城镇化进程进行科学总结和深入探讨，及时反映广西城镇化现状，提出解决方案和建议，为决策者、管理者、研究者及社会各界提供参考，并努力体现权威性、综合性和前瞻性。

华蓝智库作为华蓝集团旗下重要的研究咨询部门，一直致力于广西城乡发展及相关领域研究。本书对提升广西各城市竞争力有着积极的指导意义，是华蓝智库探索城市发展综合评价与分市评价的一次积极探索。

虽然本书还有一些不尽完美的地方，但我们已经迈出了城乡理论与实践相结合的前行步伐。打造新型智库已经成为提升广西软实力和影响力的关键性、战略性举措，希望华蓝智库发挥机智灵活、运行高效的优势，在实现广西经济社会尤其是城乡高质量发展的奋斗征程中做出符合新形势要求、新时代需求的崭新作为。

陈立生

广西社会科学院院长

2020年5月8日

前言

从党的十六大提出"统筹城乡发展"，到党的十七大提出"城乡经济社会发展一体化"，党的十八大后城乡发展一体化成为党和国家的工作重心之一，再到党的十九大明确提出"建立健全城乡融合发展的体制机制和政策体系"，体现出我国城乡经济社会发展战略的进一步深化和完善。从统筹城乡发展，到城乡发展一体化，再到城乡融合发展，本质上是一脉相承的，内容上体现出党中央对于城乡发展失衡问题重视程度的不断提高，对于构建新型城乡关系思路的不断升华。

当前，广西正处于推进城乡交融发展的关键阶段，加快城乡一体化发展在推进经济社会由高增长阶段转向高质量发展过程中显得尤为重要和迫切。目前，广西城乡发展存在城乡物质要素与人口流动不协调，以工促农、以城带乡动力和能力不足，公共资源向农村配置不均衡等现实问题和长期挑战。广西要加快推进城乡一体化发展，就必须调整城乡关系、疏通城乡要素流通渠道、充分借助城市力量带动农村经济社会文化全面发展。

"华蓝智库"是华蓝集团的前端引领机构，依托华蓝设计（集团）有限公司在城市规划建设与治理中的丰富实践经验和对城乡研究的积累，基于经济社会发展的重要议题和重大现实需求，紧密围绕城乡发展的现实问题，以服务政府决策、推动学术交流、打造新型智库为目标，重点关注新型城镇化、创新城市与智能城市、城市与区域治理、可持续发展等领域，为新时代城乡发展提供新思路、新模式，致力于城乡发展与建设领域的相关政策研究，积极为各级党委、政府及相关部门提供决策咨询服务。

《广西城乡发展研究报告2019—2020》（简称《报告》）旨在全面记录广西城镇化发展过程中取得的成就和经验，对广西城镇化进程进行科学总结和深入探讨，及时反映广西城镇化现状，提出解决方案和建议。《报告》包括总报告、广西城市竞争力研究报告、广西县域竞争力研究报告、广西城乡发展专题研究等四部分，系统归纳和总结了广西城乡发展经验，提出重点研究广西城市竞争力的提升策略、要素聚集与评价体系，为广西城乡健康可持续发展提供参考。

　　《报告》通过分析、研究广西城乡发展的热点问题和最新进展，为决策者、管理者、研究者及社会各界提供参考，并努力体现权威性、综合性和前瞻性。《报告》是"华蓝智库"在城市发展综合评价与分市评价的积极探索。未来"华蓝智库"将持续关注广西城乡发展，为广西发展提供高质量的智力支持。

I 总报告

II

广西城市竞争力研究报告

Ⅲ 广西县域竞争力研究报告

IV 广西城乡发展专题研究

I

总报告

高质量发展：
新时代下推进城乡发展的核心主题

一、城乡发展的总体方向和未来趋势

在推动城乡发展的道路上，我国一直在积极地进行实践和探索，随着中国特色社会主义进入新时代，人民生活水平不断提高，我国城乡建设步伐进一步提速升级，已进入城乡融合发展阶段。党的十九大提出城乡融合发展的指导思想，2018年中央"一号文件"提出建立加快形成工农互促、城乡互补、全面融合、共同繁荣的新型工农城乡关系；2019年党中央、国务院印发的《关于建立健全城乡融合发展体制机制和政策体系的意见》为推动城乡融合发展进行了顶层设计、描绘了新图景，确定分"三步走"实现城乡融合发展的战略目标；2020年国家发改委印发《2020年新型城镇化建设和城乡融合发展重点任务》，要求加快实施以促进人的城镇化为核心、提高质量为导向的新型城镇化战略，增强中心城市和城市群综合承载、资源优化配置能力，提升城市治理水平，推进城乡融合发展，为全面建成小康社会提供有力支撑。

在充分研究我国城乡发展历史进程和演变趋势的基础上，考虑到我国基本矛盾的转变和经济发展阶段的转变，新时代城乡发展的未来趋势是城乡高质量融合发展，总体方向是实现农业农村现代化，促进城乡共同繁荣，重要抓手为新型城镇化建设和乡村振兴战略。[1]

1　冯奎. 如何实现城乡高质量融合发展 [N]. 新华日报，2018-10-09.

（一）未来趋势：城乡高质量融合发展

城乡高质量融合发展，是指在社会生产力充分发展条件下，彻底打破传统的城乡二元机制，由制度变革、技术进步、需求增长、文化创新等共同引致，形成新的地域组织结构、均衡化资源要素配置格局、互补型城乡功能形态等，最终实现人的全面发展的动态过程。[2]城乡高质量融合发展强调城乡的形态融合、要素融合、产业融合、市场融合以及人与自然的融合。

从我国城乡发展的历史进程来看，大致经历了四个阶段：城市领导农村发展阶段（1949～1978年）、城乡发展失衡阶段（1979～2002年）、城乡统筹发展阶段（2002～2012年）、城乡融合发展阶段（2012年至今）。[3]我国城市化水平（城镇人口数占全国总人口比重）由1949年的10.64%提高至2018年的59.58%。根据住建部发布的《2018年城乡统计年鉴》数据显示，2018年我国城市个数达到673个，城区人口42730万人，城区面积200896.5km^2，分别较2012年增加16个，5740.3万人，1783.1km^2（表1）。

2012-2018 年全国城市数量及人口面积情况　　　　表1

年份	城市个数	城区人口（万人）	城区面积（km^2）
2012 年	657	35425.6	183039.4
2013 年	658	36989.7	183416.1
2014 年	653	37697.1	184098.6
2015 年	656	38576.5	191775.5
2016 年	657	40299.2	198178.6
2017 年	661	40975.7	198357.2
2018 年	673	42730.0	200896.5

资料来源：《2018年城乡建设统计年鉴》。

从我国城乡发展的演变趋势来看，国家重大改革举措的相继推出，有力地推动了城乡发展进程，由城乡统筹发展到城乡一体化，再到城乡融合发展。一

2　涂圣伟. 城乡融合发展开启现代化建设新局面 [N]. 经济日报，2019-05-21.
3　阿布都瓦力·艾百，吴碧波，玉素甫·阿布来提. 中国城乡融合发展的演进、反思与趋势[J]. 区域经济评论，2020（2）.

是户籍制度改革持续深化，农业转移人口市民化取得重大进展，农业转移人口进城落户的门槛不断降低、通道逐步拓宽，2019年城镇就业人员44247万人，占全国就业人员比重为57.1%，比2018年年末上升1.1个百分点，全国农民工总量29077万人，比上年增长0.8%，其中，外出农民工17425万人，增长0.9%；二是农村土地制度改革取得突破，承包地"三权分置"取得重大进展，宅基地"三权分置"改革方向已经明确，农村集体经营性建设用地入市制度在试点地区取得明显成效，大大提高了农村土地利用效率；三是城乡基本公共服务提供机制逐步建立，统一的城乡义务教育经费保障机制、居民基本养老保险、基本医疗保险、大病保险制度逐步建立，城乡基本公共服务向着制度接轨、质量均衡、水平均等的方向迈出了一大步，2019年全国参加城镇职工基本养老保险人数43482万人，比2018年增加1581万人，参加城乡居民基本养老保险人数53266万人，增加874万人，参加基本医疗保险人数135436万人，增加978万人；四是城乡基础设施建设取得显著成效，城乡基础设施统筹规划和多元投入机制正在探索并逐步完善，城市、小城镇和乡村基础设施的互联互通程度正在提高，农民生产生活条件得到很大改善。

当前，我国城乡发展正在从以城市化为主导的发展阶段、模式向以城乡一体化和城市圈建设为主导的阶段跃升转型，势必会将城市和乡村紧密联系在一起，因此城乡融合发展也必然会进一步走向高质量发展的道路，更好地实现城乡要素顺畅流动、互融共通、协调共进。

（二）总体方向：实现农业农村现代化，促进城乡共同繁荣

城乡高质量融合发展的总体目标和方向，就是带动和实现农业农村现代化，促进城乡共同繁荣，夯实我国经济社会发展的总体基础。城乡融合发展是破解新时代社会矛盾的关键抓手，是国家现代化的重要标志，也是拓展发展空间的一个强劲动力。建立城乡融合发展体制机制和政策体系是实现乡村振兴和农业农村现代化的重要制度保障。[4]随着城乡融合发展向高质量逐步迈进，未来的城乡高质量融合发展将进一步实现城乡要素配置合理化、基本公共服务均等化、基础设施联通化、产业发展融合化、居民收入均衡化，形成工农互促、城乡互

---

4 朱江. 发改委：从四个方面理解现阶段推进城乡融合发展的重大意义 [N/OL]. 人民网 http://finance. people. com. cn/n1/2019/0506/c1004-31069620. html.

补、全面融合、共同繁荣的新型工农城乡关系，促进城乡发展一体化、信息化。

县域经济作为城乡融合发展的主战场，全面进入"政府主导、以城促乡、以工促农"的阶段，县域经济的高质量发展是城乡高质量融合发展的助推器，破解"融城入乡"[5]难题是促进城乡融合发展的关键，作为城乡发展的"领头羊"，浙江省早已开始推进"融城入乡"步伐，从农民自发建城到中心镇、小城市培育，再到四大都市区建设，从"千万工程"、美丽乡村到特色小镇，再到美丽城镇。至2017年年底，浙江2.7万多个村实现村庄整治全覆盖，"千万工程"进入"万村景区化"时代。到2018年年底，浙江城乡居民收入比为2.036∶1[6]，率先进入城乡融合发展阶段[7]。2020年，国务院政府工作报告提出，加强新型城镇化建设，大力提升县城公共设施和服务能力，以适应农民日益增加的到县城就业安家需求，支持电商、快递进农村拓展农村消费[8]，加大县域经济发展支持力度，进一步推动城乡高质量融合发展。

（三）重要抓手：新型城镇化建设和乡村振兴战略

党的十八大拉开了新型城镇化建设的序幕，党的十九大开启了乡村振兴战略的进程。从战略层面上讲，二者都是现代化的必由之路，具有很强的战略融合性和战略接续力，是推动我国城乡融合发展的两个关键抓手。

新型城镇化建设与乡村振兴战略二者在空间形态和政策重点等方面并不完全重合，首先在空间形态上，新型城镇化建设的对象是城市圈、城市群以及各类城镇，乡村振兴战略的对象则是乡镇、农村以及田园综合体；其次，在政策重点上，新型城镇化建设致力于推动资源要素流向城市、留在城市，乡村振兴战略则是致力于推动资源要素流向农村、留在农村。

5　融城入乡：是指将城市的优质教育、医疗、文体、基础设施等优质资源和先进的管理服务理念等融进乡村，让乡村"类城市化"发展。举例而言，2018年年底，浙江省宁波市镇海区选派60多位城区优秀教师分赴全区30所农村学校和师资薄弱学校，开展为期3年的教学活动，全区超百名医生参与帮扶乡村社区卫生服务站，31个小城镇开启农村污水治理，当年镇海区城市化率达到81%。

6　根据国家统计局浙江调查总队数据，2018年，浙江居民人均可支配收入45840元，城镇居民人均收入达55574元、农民人均收入达27302元，分别连续18年和34年位居全国各省区的首位。按常住地分，2019年广西城镇居民人均可支配收入34745元，农村居民人均可支配收入13676元，城乡居民收入比为2.51∶1。

7　车文斌. 城乡融合，中国县域经济进入3.0时代[J]. 当代县域经济，2019（9）.

8　中华人民共和国中央人民政府网站 http://www.gov.cn/premier/2020-05/22/content_5513757.htm.

　　尽管两者有不同的一面，但二者在根本目标与实现路径等方面具有内在的一致性。就根本目标来看，两者都强调以人为本，共同致力于提高人民生活水平，尤其是农民的生活水平。无论是新型城镇化建设还是乡村振兴战略，都将极大改变进城农民、返乡农民、留守农民的生产条件、生活条件。就实现路径来看，两者都着眼于破除城乡二元结构这一障碍，促进城乡要素的自由流动、高效流动，推动城乡高质量发展。

　　新型城镇化中城市的发展，能有效地辐射乡村地区的发展，带动乡村经济的发展，为乡村振兴提供动能支持，而且，乡村振兴战略中乡村的持续发展，又能有效地激发乡村土地、劳动力等生产要素，为城市工商企业带来新的发展空间。二者相互渗透、相互促进，持续不断地为城乡融合发展注入动力。

二、广西城乡发展的现实基础和面临挑战

（一）广西城乡发展现实基础

1. 经济发展稳中提质，农村经济总体稳定

　　2019年，广西实现地区生产总值21237.14亿元，按可比价格计算，比上年增长6%，全年人均地区生产总值42964元，比上年增长5.1%。经济运行总体平稳，发展质量继续提升，整体呈现出增长稳、脱贫速、收入增、动能新、效益好的良好局面。农业经济基本保持稳定，总体规模稳步增长，第一产业增加值增长5.6%，农林牧渔业产值达到5498.81亿元。粮食种植面积和总产量有所下降，全年全区粮食种植面积274.7万hm^2，比上年减少5.5万hm^2，粮食总产量1332.0万t，比上年减少41.0万t，减产3.0%。[9]农村居民人均可支配收入持续增长，2019年达到13676元，增长10%。生态环境呈现新风貌，全区共有2.65万个基本整治型、548个设施完善型、102个精品示范型村庄建设竣工，农村村容村貌得到了明显改观，同时加快推进"厕所革命"、生活垃圾和污水治理，累计改造建设户用卫生厕所1026万户，改造更新256个村级垃圾处理设施。[10]

9　2019 年广西壮族自治区国民经济和社会发展统计公报 [R/OL]. http://tjj. gxzf. gov. cn/tjsj/tjgb/qqgb/t2381676. shtml.

10　黄佳君. 2019 年广西农林牧渔业总产值首次突破 5000 亿元 [N/OL]. 广西新闻网 http://www. gxnews. com. cn/staticpages/20200424/newgx5ea2fa7d-19477620. shtml.

2. 顶层设计逐步完善，改革力度逐渐加强

广西以习近平新时代中国特色社会主义思想为指导，全面贯彻落实党的十九大和十九届二中、三中、四中全会精神，紧紧围绕统筹推进"五位一体"总体布局和协调推进"四个全面"战略布局，坚持和加强党的全面领导，坚持以人民为中心的发展思想，坚持稳中求进工作总基调，坚持新发展理念，坚持推进高质量发展，坚持农业农村优先发展，坚决破除体制机制弊端，促进城乡要素自由流动、平等交换和公共资源合理配置，加快形成工农互促、城乡互补、全面融合、共同繁荣的新型工农城乡关系，加快推进农业农村现代化，力争与全国基本同步实现建立健全城乡融合发展体制机制目标。致力于重塑城乡关系，走城乡融合发展之路，全力促进广西乡村振兴和农业农村现代化，加快建设壮美广西，不断出台促进城乡发展相关政策，自治区层面上关于城乡发展的顶层设计不断完善，改革力度不断加强。

一方面，《广西壮族自治区人民政府关于印发深入推进新型城镇化建设实施方案的通知》《广西壮族自治区人民政府办公厅关于大力推进城乡建设用地增减挂钩促进城乡统筹发展和易地扶贫搬迁的指导意见》《关于建立健全城乡融合发展体制机制和政策体系的实施意见》等政策性文件相继出台，对未来广西城乡融合发展作出安排，通过大力推进体制机制改革，形成工农互促、城乡互补、全面融合、共同繁荣的新型工农城乡关系，促进乡村振兴和农业农村现代化，进一步促进城乡区域协调发展。

另一方面，户籍制度、住房制度、医疗卫生服务等方面的改革力度加强。一是户籍制度改革不断深入，全区14个设区市已全部出台本地推进户籍制度改革的实施意见和细则，基本实现城镇落户"零门槛"；二是教育医疗服务水平不断提高，农民工随迁子女平等接受教育的保障水平提高，2018年随迁子女入读公办学校的比例超过80%；三是农业转移人口住房保障渠道不断拓宽，2018年，全区常住人口城镇化率达50.22%，户籍人口城镇化率达31.72%[11]，2013~2018年累计实现农业转移人口落户城镇521万人，全区城镇居民住房保障覆盖面达25%以上。[12]改革力度的不断加大，为广西实现城乡融合发展进一步

11　全区常住人口4960万人，比上年年末增加34万人，其中城镇人口2534.3万人，占常住人口比重（常住人口城镇化率）为51.09%，比上年年末提高0.87个百分点。户籍人口城镇化率为32.49%，比上年年末提高0.77个百分点。

12　姚飞钰，周仕兴.广西积极推进城乡融合发展[N].光明日报，2019-07-26.

注入动力。

3. 脱贫攻坚取得成效，乡村振兴稳步推进

广西属于后发展欠发达地区，是全国贫困人口超过500万人的6个省区之一，涉及全国集中连片特困地区的滇桂黔石漠化片区，一直以来都是全国扶贫攻坚的主战场。[13]贫困是城乡发展道路上的"拦路虎"，脱贫攻坚工作则是城乡融合发展之路上的"关键一步"，2019年年末全区贫困发生率1.2%，比上年年末下降2.1个百分点。全年贫困地区（33个国家贫困县）农村居民人均可支配收入11958元，比上年增长11.1%，扣除价格因素，实际增长6.7%。建档立卡贫困户适龄儿童失学辍学人数显著下降，贫困人口基本医疗参保率、住院报销比例全部达标，建档立卡贫困人口饮水安全问题全部解决。贫困户特色产业覆盖率92.9%。完成71万贫困人口搬迁任务，实现14.89万搬迁户每户有1人以上稳定就业。[14]在脱贫攻坚工作上，广西一直走在全国各省份前列，脱贫攻坚成效显著，为城乡进一步融合发展提供了强有力的保障。

脱贫攻坚工作取得显著成效，也有力地推动了乡村振兴战略的开展。出台并实施《中共广西壮族自治区委员会关于实施乡村振兴战略的决定》《广西乡村振兴战略规划（2018-2022年）》，明确提出优化乡村生产生活生态空间，构建现代农业产业体系、生产体系、经营体系，促进农村产业融合发展，坚持质量兴农、绿色兴农、品牌强农，补齐农村基础设施短板，提升乡村治理能力，提高美好生活保障水平。[15]乡村振兴战略稳步推进，成效初显，产业、人才、文化、生态、组织振兴取得良好成果，粮食综合产能稳定，"菜篮子"农产品有效供应，多个产业总产量名列全国前茅；组建工作队伍，派驻3.7万名工作人员，通过创建学院等方式强化高素质农民培育工作；深化精神文明建设，县级以上文明村镇综合占比达到63.4%；5.22万个村庄开展"三清三拆"环境整治工作，农村村容村貌明显改观；2019年累计命名星级村党组织5847个，基层党组织的战斗力和凝聚力不断增强。[16]

4. 城镇建设持续发力，城乡发展活力十足

近年来，广西就推动新型城镇化建设相继出台了50多个配套政策文件，范

13　覃娟，梁艳鸿. 广西脱贫攻坚发展报告 [J]. 新西部，2018（Z1）.
14　陈武. 2020年广西壮族自治区政府工作报告 [R/OL]. http://www. gxzf. gov. cn/zwgk/gzbg/zfgzbg/t953378. shtml.
15　陈静. 广西乡村振兴战略规划（2018-2022年）印发实施 [N]. 广西日报，2019-08-13.
16　陈静. 加快推进产业发展环境整治等工作广西乡村振兴成效明显 [N]. 广西日报，2020-04-25.

围涉及户籍、财政、教育、卫生、社保、土地等领域的"人地钱"改革创新，新型城镇化建设的基础性、支柱性政策框架体系基本形成。[17]城镇化建设持续发力，主要体现在，一是农业转移人口市民化有序推进，户籍制度改革深入，教育、医疗、社会保障领域服务水平提高，住房保障渠道拓展；二是城镇规划和管理水平不断提高，城市圈、城镇带建设推进，基础设施服务水平提升；三是城乡融合发展态势良好，"美丽广西"乡村建设活动深入实施，农村社区建设试点工作深入推进。[18]据2019年广西壮族自治区国民经济与社会发展统计公报数据显示，2019年年末户籍总人口5695万人，常住人口4960万人，其中城镇人口2534.3万人，常住人口城镇化率为51.09%，户籍人口城镇化率为32.49%，城镇化水平持续提高。

全面实施强首府战略，打造南宁都市圈，有序推进桂中城镇群、西江干流城镇群、桂贺旅游城镇带、广西沿边城镇带的建设。形成了"柳州模式"和"来宾样板"，北流、平果推进新型城镇化经验在全国推广，海绵城市、地下综合管廊、产城融合示范区建设加快推进。5个国家级农村产业融合发展试点示范县建设加速推进，富硒农业、休闲农业、生态循环农业等特色产业快速发展，一、二、三产业融合发展呈强劲态势，城乡融合发展活力十足。

（二）广西城乡发展面临挑战

一是经济增速放缓影响城乡发展。受国家层面经济增速放缓以及自身经济发展问题的影响，近年来，广西经济增速也在持续放缓，2013年GDP增速为10.2%，2019年增速为6%，下降了4.2个百分点。同时，产业转型升级带来的技术进步趋势对劳动力技能提出了更高要求，劳动者技能与岗位需求不匹配的问题凸显。在这种情况下，乡村人口进城的大趋势依然未变，加之广西教育资源相对薄弱，对城乡融合发展产生了一定程度上的影响。

二是城乡二元结构矛盾依然存在。改革开放之后，中国经济的飞速发展驱使农村人口大量外出务工，由此必然产生城乡居民的收入差距问题，城乡二元结构矛盾问题严峻。2019年，居民人均可支配收入23328元，扣除价格因素比

17　广西推动新型城镇化建设工作成效显著 [N]. 南宁日报，2019-07-27.
18　广西壮族自治区人民政府门户网站 http://www.gxzf.gov.cn/xwfbhzt/gxxxczhjsqkxwfbh/xwdt/20190726-759078.shtml.

上年增长4.7%，居民人均可支配收入稳定增长，其中城镇居民人均可支配收入34745元，农村居民人均可支配收入13676元，农村居民人均可支配收入增速高于城镇2.2个百分点，城镇居民人均可支配收入是农村的2.54倍，收入差距虽不断缩小，但仍有很大距离。此外，广西乡村多有交通不便、地理位置欠佳等阻碍，自身发展基础薄弱，加之以城带乡困难重重，可见二元分割格局彻底扭转并非易事，城乡二元结构矛盾的持续存在导致资金、土地、技术、人才等要素长期不均衡，产业融合度不高，严重阻碍着城乡融合发展。[19]

三是城乡要素自由流动存在障碍。城乡要素的自由流动是城乡融合发展的本质要求和重要体现。由于城市化进程加快和工业化的发展，使得资金、土地、人才等要素长期由乡村单向流入城镇，一定程度上损害了农村、农业和农民的利益，而且就目前来看，这种损害是不可逆的，人们更倾向于留在繁华的城镇，导致城乡要素失衡，无法自由流动。一是农村劳动力"多出少进"，由于城镇化、工业化和经济发展的需要，城镇提供了大量工作岗位和个人发展机遇，大量农村劳动力尤其是青壮年劳动力向城镇集聚就业，导致农村劳动力流失严重。二是城乡金融市场存在严重的藩篱，资金缺乏有效的双向流动，城镇依托改革开放的政策优势吸收了大量的发展资本，而乡村地区资本逐利困难、农业产业较为脆弱，现存农村金融机构有效供给不足，农村资金外流严重，发展资金有限，对农业农村发展造成负面影响。三是城乡基本公共服务均等化任务艰巨，城乡基本公共服务标准差距依然较大，其中城乡居民社会保障存在差异、教育发展不均衡以及卫生发展不均衡是主要短板，农村教育和医疗人力资源数量和素质依然较差，教育医疗等基础设施和配套服务也较弱。四是相关制度改革任重道远，尽管户籍制度、土地制度等取得一定成效，但农民观念转变、乡村体制突破性变革仍需要时日。如何破除城乡要素自由流动的障碍，平衡两者之间的要素供给，是促进城乡高质量融合发展的关键问题。

四是农村经济发展相对缓慢。较之于城镇化进程的发展速度，农村经济发展相对缓慢，机械化水平较低。一是经济发展模式单一，农村空心化、老龄化现象严重，受限于劳动力质量和地理位置，大部分农村地区依然从事单一的农林牧副渔产业；二是产业融合进展缓慢，由于存在资金启动困难、市场信息缺乏、技术人才短缺、思想观念落后、销售渠道受限、交通设施不便等因素的制

19　熊斯斯，冯斗. 乡村振兴战略背景下广西城乡融合发展路径研究 [J]. 现代商贸工业，2020（5）.

约，在农村推行产业融合发展依然棘手；三是乡村经济主动性低，未主动对接城镇的发展计划，单纯依靠城镇带动会面临时间滞后性，一般乡村认知是通过城镇的发展带动乡村的发展，但城镇的快速发展会对乡村的生产要素产生虹吸效应，当城镇发展持续加快，乡村与城镇的差距便会逐步拉大，一方面，乡村由于缺乏生产要素无力发展，另一方面，由于差距过大，"跃进式"发展反而会对乡村的经济带来如生态破坏等诸多问题。

三、推进广西城乡高质量发展的战略选择和现实路径

推动实现城乡高质量融合发展，是推进我国经济高质量发展的时代命题。随着我国经济社会发展进入新阶段，城乡发展不平衡、不充分成为社会主要矛盾的重要体现之一。广西要实现城乡高质量融合发展，就必须解决好城乡发展不充分、不平衡这两大问题，把握好"城"与"乡"的关系，进一步补短补差补弱补缺，让全体居民共享城乡一体化发展成果。

（一）破除制约城乡融合发展的制度弊端

统筹考虑当前广西整体还处在城市亟待发展、乡村更加薄弱的发展阶段，需要着力破除新型城镇化和乡村振兴规划战略实施不同步、城乡规划衔接不畅等问题，消除制度弊端。**第一，建立健全农业转移人口市民化推进机制。**完善农业人口迁移政策，进一步推动城镇落户便利化改革，建立农业转移人口市民化激励保障机制。加大奖励资金向人口流动区域密集的大中城市倾斜力度，充分调动和激励地方财政、社会资本增加对亟需改善的基本公共服务项目投入力度。建立由政府、企业、个人共同参与的农业转移人口市民化成本分担机制，完善多元可持续的城镇化投融资机制，出台自治区、地级市及县级行政区三级政府公共成本共担管理办法。实施农业转移人口公共服务配套建设行动，推动市县和乡镇制定出台农业转移人口公共服务配套建设计划。**第二，深化土地制度改革。**进一步深化农用地改革，建立健全土地承包经营权保障制度，建立完善农村土地承包权有偿退出机制，构建弹性补偿标准制度，建立市县土地经营权流转指导价格发布制度，分区域定期发布土地经营权流转指导价格，引导流转双方理性确定流转费。推进集体建设用地改革，加快制定农村集体经营性建

设用地入市、抵押融资和收益分配制度及办法。**第三，完善资金保障机制。**建立健全城乡融合发展资金投入机制，提高新型城镇化、乡村振兴相关建设资金整合力度，积极统筹整合财政资金，着力探索创新城乡融合发展资金投入方式，解决涉农资金管理体制机制问题，改善城乡融合发展项目融资环境。

（二）继续深入推动广西城乡"三变"改革

在推动城乡"三变"（资源变股权、资金变股金、农民变股民）过程中，要做到三个坚持。**第一，坚持从特殊到一般。**在推进城乡"三变"过程中，紧密结合与全国同步全面小康社会和大扶贫战略行动，优先考虑贫困户、城乡低收入人群、征地拆迁户、移民搬迁户等特殊群体。在尊重城乡居民意愿的基础上，逐步扩大入股分红范围，让"三变"成果惠及广大城乡居民，增强公平共享的发展动能，在公平共享改革发展成果中构建共同富裕的新格局。**第二，坚持先易后难。**在"三变"改革中首先选择权属清晰、收益稳定、共享特征突出的产业和项目，如公共停车场、繁华地段商铺、田园综合体、高效农业等"稳赚不赔"的项目，按照"三变"理念和操作规程，整合优化各类资源和力量，加快推动"三变"改革。重点突破存在争议而且比较难于操作的项目，在确保集体利益和人民群众利益不受损害的前提下，放活各种资源的使用权和经营权，探索社会主义公有制多样化实现形式，增加城乡居民财产性收入。**第三，坚持由点到面。**选取代表性区域和优质项目作为城乡"三变"的改革试点，优先在各区（市、县）、高新区、经济技术开发区等地甄选1～2个区域或项目，积极进行先行先试，进一步完善体制机制，总结成功经验做法，然后在全区范围内深入扎实推进城乡"三变"改革，形成以城乡居民为主体、企业为龙头、产业为平台、股权为纽带、共享为目标的"三变"改革生动局面，优化重组城乡各类生产要素，实现联股联业、联股联责、联股联心，推动城乡一体化发展。

（三）提升以往低端低效的基础设施发展水平

大力促进城乡公共资源合理配置，推进城乡基本公共服务普惠共享、城乡基础设施一体化发展，坚持和完善统筹城乡的民生保障制度，注重加强普惠性、基础性、兜底性民生建设，完善覆盖全民的社会保障体系，创新公共服务提供方式，加快推动乡村基础设施提档升级，实现城乡基础设施统一规划、统一建设、统一管护。**第一，健全城乡基本公共服务普惠共享体制机制。**制定出台全区"十四五"时期城镇基本公共服务标准体系建设方案，建立城镇重点领域公共服务建设清单制度，统筹推进城镇公共教育、劳动就业创业、社会保险、医疗卫生、社会服务、住房保障、公共文化体育、优抚安置、残疾人服务等公共服务设施建设。创新农村社会保障机制，建立健全低保稳增长机制，建立完善农村产权换社保体制机制。完善城乡公共文化服务体系，加快建立健全市、县图书馆的馆外流通点，统筹构建城乡统一、覆盖全域的公共数字文化服务平台，为广大乡村提供标准化、均等化的公共文化服务。**第二，健全城乡基础设施规建管护一体化发展机制。**实施农业主产区基础设施规划工程，结合国土空间规划编制工作，坚持现代农业主体功能区、重要乡村居民点等地区基础设施和公共服务配套同步规划，完善农业主产区城乡水利、能源、信息、物流、环卫设施规划布局，全面提升农业主产区综合承载能力。实施区域城乡协同发展基础设施补短板行动，重点推动边境地区、沿海三市、珠江—西江航道沿线等地区实施城乡设施一体化建设大会战工程，着力提升城乡交通、信息等互联互通水平。

（四）着力引入社会资本投入城乡融合发展

通过建立健全城乡融合发展体制机制和政策体系，填补城乡信息化鸿沟，吸引城市过剩资本下乡，打通一、二、三产业融合发展的障碍，激发经济高质量发展潜力。**第一，建立激励合作机制。**围绕第一产业，鼓励企业进驻乡镇发展延伸农产品加工业以及各类专业流通服务组织、城乡电子商务等新模式，设点建站，办厂建库，建设政企惠农综合服务中心，政府引导搭建企业与村集体、生产小组面对面沟通合作平台，共同谋划合作开发项目，重点围绕观光农业、休闲农业、创业农业、文化旅游业、现代服务业等新业态开发合作，在成熟项目推进审批各环节实行政府打包限时办理直通车模式，在用地指标、贷款贴息、降税优惠等方面给予政策激励，为企业顺利推进项目和农民便捷获利打通瓶颈。**第二，建立投入附加机制。**建立乡村生态建设绿色项目库，可包括各乡村上报的绿化美化、河沟治理、耕地保护治理、石漠化治理、公共服务设施建设、安全饮水提升等项目，这一绿色项目库可作为城市过剩资本开发商业用地建设的附带项目要求，目的是让城市纯商业开发资本进行适当调配，服务城乡融合发展，按商业开发项目总投资的一定比例，附带投入建设绿色项目库中的项目。将部分开发成本与生态建设投入挂钩，使部分商业纯利润转变成公益效益，不仅能够调配城市过剩资本，减缓城市过高的成本导致的消费压力，又能为政府资金投入减负，提升企业服务乡村振兴发展的良好形象，一举多得。

（五）构建大数据时代城乡融合发展资源平台

构建城乡融合发展资源平台，可在政府公共资源交易平台单设城乡融合发展模块，研制手机APP融合发展平台客户端，通过城市发展需求资源形成导向数据，规划城市资源、乡村资源标签、项目需求标签，目的是通过平台迅速搜集捕获推进发展中各行业领域之间的资源需求交集，从而提供发展规划目标侧重点，并能够及时为资源需求牵线搭桥，完成资源共享和交易。如企业开发项目需求的原材料、劳动力类型、土地资源类型、环境资源类型、农副产品等，提供的合作项目优势资源、模式、规划等，乡镇、村集体组织自有的投资环境、产业资源、土地资源、可开发生态资源、合作模式条件等，图文可上标签进平台入库，各方根据所需进行检索，平台寻找各自所需，各方将自身优势特色线上推荐寻求合作伙伴，为打造大优质营商环境增加高效路径，为大数据5G时代城乡融合发展提供基础平台，推动城乡融合发展进入高速高效5G引领的大数据时代。

II

广西城市竞争力
研究报告

引言

　　广西城市竞争力研究是华蓝智库对广西14个城市发展竞争力的持续性比较研究。2018年出版的《广西城市竞争力研究》一书，提出以"总量、质量、动力"为衡量标准的广西城市竞争力评价模型，利用主成分分析法、德尔菲法和聚类分析法构建城市竞争力评价指标体系，基于2017年的相关数据资料，对广西城市层面竞争力进行定量化、系统性研究。

　　作为首创性工作，难免有诸多不足，因此，在成果发布之后的一年里，课题组持续关注每个城市的发展情况，结合发展环境的重要变化，对广西城市竞争力再次进行评价，以便修正评价模型、更新评价结论，以连续的、系统的、科学的研究，为广西城市建设提供高质量的智库支持。

一、发展背景

　　2016年以来，广西面临的发展环境发生了诸多变化，对如何增强城市竞争力提出了新的要求。

　　经济发展进入新常态，处于新旧动能转换期。广西GDP增长率自2014年结束了为期12年10%以上的增速，降为8.5%之后，2016~2018年进一步放缓，分别为7.2%、7.1%和6.8%，从高速增长换挡到中高速增长，增长动力逐步从要素驱动、投资驱动转向消费驱动、创新驱动，旧的发展方式让位于转型升级、提高生产率等新的发展方式。在这个过程中，贸易摩擦——特别是中美经贸摩擦对经济造成较大负面冲击，而同时国内淘汰落后产能、防控地方债务风险、降低金融杠杆率、推动房地产持续健康发展、严格保护环境等任务，也给城市带来了转型期的阵痛。如何培育发展新动能，避免系统性风险，提高发展质量和效率，成为当前重点任务。

"一带一路"建设不断深入，对外开放进一步提速。 2016年12月28日，全区参与"一带一路"建设工作会议在南宁召开，传达学习中央推进"一带一路"建设工作座谈会精神，部署广西参与"一带一路"建设工作，推动广西加快融入国家对外开放大布局，提升在国家开放发展中的战略地位。中央强化举措推进新一轮西部大开发形成新格局，加快建设西部陆海新通道，将广西纳入首批交通强国建设试点。同时，国家提出推动全方位对外开放，特别是要向制度型开放转变。如何充分发挥"一湾相挽十一国、良性互动东中西"的区位优势，加快陆海贸易新通道建设，充分发挥各城市比较优势，积极吸引人口和发展要素集聚，成为当前及未来一定时期的重点任务。

城镇化不断推进，区域协同日趋重要。 随着城镇化发展和区域经济关联日益增强，我国经济发展的空间结构正在发生深刻变化，中心城市和城市群正在成为承载发展要素的主要空间形式。城市之间的竞合关系更加紧密和复杂，只有充分发挥各地区比较优势，促进各类要素合理流动和高效集聚，增强创新发展动力，加快构建高质量发展的动力系统，才能形成优势互补、高质量发展的区域经济布局。在区域层面，广西需要积极融入粤港澳大湾区，加快与成渝、长江中游、滇中、黔中等城市群的跨区合作；在区内，则需要以北部湾经济区、珠江–西江经济带为支撑，引导各城市分工协作、良性竞争，全面提升各城市竞争力和整体发展水平。

绿色发展深入人心，生态经济快速发展。 广西生态环境优势明显，森林覆盖率、城市人均绿地面积、空气质量年平均优良天数、生物多样性、水资源等指标均处于全国领先水平。随着国家对生态环境保护的要求日益严格，生态补偿机制日益完善，要将绿水青山变成金山银山，必须积极推进生态经济发展模式创新，探索和走出广西绿色发展的特色道路。

民生持续改善，脱贫任务艰巨。 近年来，广西民生产品和服务的供给总量不断增加、种类不断丰富、供给主体逐渐多元化、供给方式更加灵活多样，总体水平得到了明显提升，但由于经济发展相对落后，贫困人口数量较多，仅2019年就要完成105万贫困人口脱贫，实现1150个贫困村出列、21个贫困县摘帽，在2020年要全面实现脱贫，任务非常艰巨。迫切需要增强中心城市和城市群等经济发展优势区域的经济和人口承载能力，加快人口与要素流动、扩大就业，持续改善民生。

二、评价框架

（一）评价指标体系构建

本研究在广泛借鉴吸纳既有城市竞争力评价研究成果的基础之上，结合广西的实际情况，提出了城市竞争力理论模型为：

城市竞争力=总量竞争力+质量竞争力+动力竞争力；

总量竞争力=经济实力；

质量竞争力=生活水平+社会福利+生态环境；

动力竞争力=人才与科技创新能力+开放程度+交通便捷+信息水平。

从资料的权威性和可获得性方面考虑，本研究共选取3个一级指标、8个二级指标、35个三级指标组成城市竞争力评价指标体系（表1）。

广西城市竞争力评价指标体系　　　　表1

一级指标	二级指标	三级指标
总量竞争力 （TC）	经济实力	T_1 地区生产总值（亿元）
		T_2 社会消费品零售总额（亿元）
		T_3 人均GDP（元）
		T_4 金融机构人民币存款（亿元）
		T_5 工业总产值（亿元）
质量竞争力 （QC）	生活水平	Q_1 恩格尔系数
		Q_2 城镇化率（%）
		Q_3 教育占公共财政预算支出比例（%）
		Q_4 每千人床位数（张）
		Q_5 医疗卫生支出（亿元）
	社会福利	Q_6 城乡人均收入比
		Q_7 城镇常住居民人均可支配收入（元）
		Q_8 社会保障和就业支出（亿元）
	生态环境	Q_9 森林覆盖率（%）
		Q_{10} 城市人均绿地面积（m^2/人）

一级指标	二级指标	三级指标
动力竞争力（PC）	人才与科技创新能力	P_1 每万人拥有图书馆藏量（千册）
		P_2 万人拥有高等学校在校学生数（人）
		P_3 普通高等学校数（所）
		P_4 专利申请授权量（件）
		P_5 科技从业人员（人）
	开放程度	P_6 入境国际旅游者人数（万人次）
		P_7 进出口总额（亿元）
		P_8 城市国际知名度
		P_9 历史文化指数
		P_{10} 4A 级以上景区（个）
		P_{11} 大型专项活动数量（次）
	交通便捷	P_{12} 公路网密度（km/km^2）
		P_{13} 飞机航线（条）
		P_{14} 列车班次（班）
		P_{15} 火车站（个）
		P_{16} 距最近海港距离（km）
		P_{17} 交通运输从业人员（人）
	信息水平	P_{18} 互联网普及率（%）
		P_{19} 人均邮电业务总量（元）
		P_{20} 信息传输从业人员（人）

（二）评价方法

采用多层主成分分析，按照由下至上的顺序，先将可取得的最新官方数据代入35个三级指标中，运用主成分分析方法分别建立二级指标的分类计量模型，继而运用主成分分析法由二级指标的计量结构构建一级指标总量竞争力、质量竞争力和动力竞争力的分类计量模型，最后利用主成分分析法建立城市竞争力综合计量模型，确定各城市竞争力的得分。

（三）参比对象选择

随着"一带一路"、中国一中南半岛经济走廊、中国一东盟自贸区升级、泛珠三角区域开放合作、西部陆海新通道的深入实施，广西处于多重区域经济叠加的格局之中，研究广西城市竞争力需要将广西置于区域环境中，与周边其他省市进行比较。首先，广西是典型的民族地区，与周边的民族地区省会城市进行对比，可总结归纳民族地区城市发展的特点；其次，西部陆海新通道的三条主通道在广西交汇，是推动广西高质量发展的重要动力，与西部陆海新通道其他中心城市进行对比，可以客观地认清广西城市具有的优势及劣势。综上所述，本研究选取全区14个地级市与贵阳、昆明、重庆、成都4个城市进行对比分析，通过分析民族地区城市发展的特点以及广西城市具有的优势和劣势，找准突破口，提升广西城市竞争力。

三、广西城市竞争力总体评价及策略

（一）广西城市竞争力综合特征

整体稳中有进且稳中提质，南宁优势依然明显。2018年，广西经济运行平稳健康，地区生产总值增长6.8%，财政收入增长7.1%，固定资产投资增长10.8%，社会消费品零售总额增长9.3%，外贸出口增长14.6%，居民消费价格上涨2.3%。城镇化率达到50.22%，提高1.01个百分点。广西各城市在总量、质量及动力竞争力方面各项指标与2017年相比，都有一定的增长，发展总体平稳。从综合得分看，梯队结构可划分为三个梯队，南宁、柳州、桂林位于第一梯队（综合得分大于0.2），第二梯队（综合得分0.1～0.2）为玉林、钦州、防城港、北海，第三梯队（综合得分低于0.1）为梧州、来宾、百色、贺州、贵港、崇左、河池（图1、图2）。

（二）广西城市竞争力发展分项评价

从各分项得分来看，序列两端的城市比较稳定，排名变化不大，各地级市发展不均衡的问题仍存在，南宁在总量、质量和动力竞争力中均排在第1位，且与第2名得分拉开较大，首府城市核心地位优势明显，河池、贵港、崇左等城市在总量、质量、动力竞争力各分项得分中均排名靠后，整体竞争力处于较低水平（表2）。

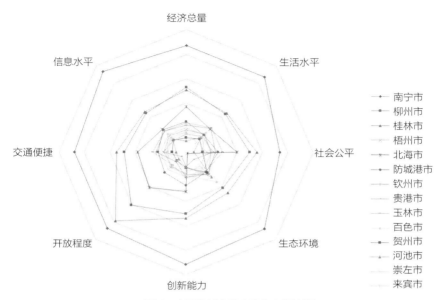

图 1 广西各城市综合竞争力雷达图

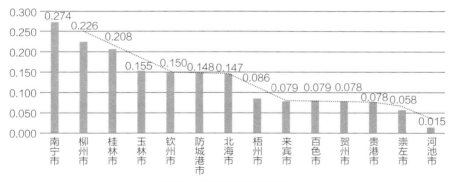

图 2 广西各城市综合得分

广西各城市一级指标得分情况   表 2

城市	总量得分	排名	质量得分	排名	动力得分	排名
南宁市	0.218	1	0.621	1	0.899	1
柳州市	0.133	2	0.338	3	0.511	3
桂林市	0.127	3	0.368	2	0.583	2
梧州市	0.045	8	0.165	9	0.176	9
北海市	0.092	4	0.170	7	0.342	4

续表

城市	总量得分	排名	质量得分	排名	动力得分	排名
防城港市	0.062	5	0.169	8	0.245	5
钦州市	0.056	7	0.188	5	0.198	7
贵港市	0.036	12	0.120	13	0.120	12
玉林市	0.060	6	0.198	4	0.216	6
百色市	0.039	10	0.172	6	0.176	8
贺州市	0.030	13	0.129	10	0.119	13
河池市	0.024	14	0.128	11	0.106	14
来宾市	0.037	11	0.126	12	0.139	11
崇左市	0.041	9	0.109	14	0.168	10

1. 总量竞争力

与2017年相比，南宁在总量竞争力方面保持领先地位。2018年桂林和梧州的地区生产总值分别下降2.5和12.4个百分点，其他城市处于增长状态，柳州、北海、钦州和崇左的人均GDP增长较为明显，从总量得分来看，南宁、柳州、桂林、北海经济实力比较突出，南宁优势明显，防城港、玉林、钦州、梧州、河池等其余10个城市总体得分较低，河池的经济实力处于最末位置（图3）。

2. 质量竞争力

质量竞争力排名依次是南宁、桂林、柳州、玉林、钦州、百色、北海、防城港、梧州、贺州、河池、来宾、贵港、崇左，在得分系数上，南宁为0.621，

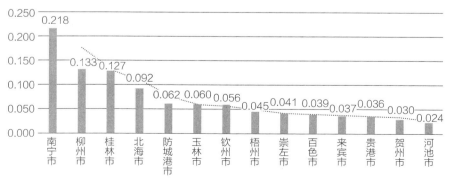

图3　广西各城市经济总量得分情况

与其他城市拉开较大距离，桂林和柳州分别为0.368、0.338，得分相对接近，其余11个城市得分系数均小于0.2。影响质量得分的因子中城镇化率、每千人床位数、社会保障和就业支出、医疗卫生支出、城市人均绿地面积等占比比较大，南宁、桂林、柳州的城镇化水平、城市社会保障、基础设施建设等方面相对其他城市发展较好（图4）。

3. 动力竞争力

动力竞争力排名依次是南宁、桂林、柳州、北海、防城港、玉林、钦州、百色、梧州、崇左、来宾、贵港、贺州、河池，在得分系数上，南宁为0.899，桂林和柳州分别为0.538、0.511，北海为0.342，其余10个城市得分系数均小于0.3。影响动力得分的因子中万人拥有高等学校在校学生数、普通高等学校数、专利申请授权量、科技从业人员、4A级以上景区个数、交通运输从业人员、互联网普及率、信息传输从业人员等占比比较大，可见南宁、桂林、柳州、北海在高校建设、旅游发展、科技建设等方面占有较大优势（图5）。

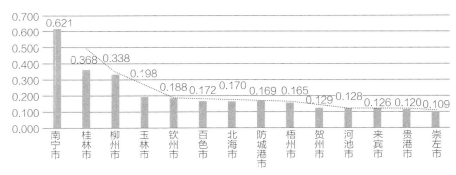

图4　广西各城市质量得分情况

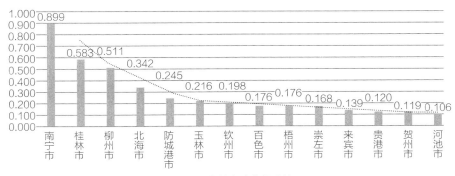

图5　广西各城市动力得分情况

（三）周边区域典型城市竞争力比较分析

从整体上看，广西的城市在总量、质量、动力方面与重庆、成都差距较大；南宁、柳州等城市与昆明的竞争力较为接近，与贵阳基本持平。南宁、柳州、重庆、成都、昆明、贵阳等城市一级、二级指标标准化得分见表3、表4。

南宁、重庆、成都等城市一级指标标准化得分情况　表3

城市	总量竞争力	质量竞争力	动力竞争力
南宁市	0.063	0.570	0.079
柳州市	0.055	0.615	0.050
贵阳市	0.060	0.664	0.073
昆明市	0.125	0.712	0.125
重庆市	0.361	0.784	0.342
成都市	0.336	0.751	0.330

南宁、重庆、成都等城市二级指标标准化得分情况　表4

城市	总量竞争力	质量竞争力			动力竞争力			
	经济实力	生活水平	社会福利	生态环境	创新能力	开放程度	交通便捷	信息水平
南宁市	0.063	0.082	0.153	0.335	0.089	0.067	0.073	0.171
柳州市	0.055	0.084	0.192	0.339	0.039	0.057	0.054	0.022
贵阳市	0.060	0.246	0.129	0.290	0.118	0.038	0.074	0.136
昆明市	0.125	0.200	0.284	0.227	0.127	0.121	0.134	0.079
重庆市	0.361	0.147	0.503	0.135	0.324	0.367	0.336	0.285
成都市	0.336	0.242	0.437	0.072	0.303	0.350	0.329	0.307

1. 总量竞争力

总量竞争力通过经济实力来评价。总体来看，重庆呈整体领先优势，成都紧随其后。重庆、成都、昆明均"倍数级"领先于南宁、柳州、贵阳，南宁（0.063）经济实力不强，与重庆（0.361）、成都（0.336）、昆明（0.125）差距巨大，与贵阳（0.060）经济实力相仿。进一步比较广西各城市和周边城市人均GDP，发现柳州人均GDP落后于成都、昆明、贵阳，但高于重庆人均GDP，说明广西必须更加注重经济发展质量，更加有力地提升城市竞争能力。

2. 质量竞争力

总体来看，南宁、柳州的质量竞争力较之总量竞争力无特别明显的差异，与重庆、成都、昆明、贵阳相比略显不足。横向对比重庆、成都、昆明，尽管广西城市的总量竞争力和动力竞争力均明显低于重庆、成都、昆明，但广西借助其良好的生态本底以及对公共设施投入、城乡统筹发展、持续经济转型的努力，南宁、柳州的质量竞争力与重庆、成都、昆明的差距得以缩小。

从生活水平来看，南宁、柳州的生活水平明显低于成都、昆明、贵阳，与重庆相比差距较小。进一步观察各城市的恩格尔系数，发现南宁的居民恩格尔系数（31.09%）仅高于昆明（27.35%），低于重庆、成都、贵阳，高于全国水平（28.4%），表明南宁的富裕程度相对较低，居民收入仍需进一步提高。

从社会福利角度上看，南宁、柳州的得分明显低于重庆、成都、昆明，略高于贵阳。通过考察社会福利和经济实力的得分，发现经济实力的发展对社会福利具有一定的正向影响作用，即经济实力较强的城市，往往社会福利程度较高。

从生态环境来看，不同于其他指标低于重庆、成都、昆明的情况，生态环境是8个二级指标中南宁唯一一个得分高于重庆、成都、昆明的，同时也高于贵阳，这得益于广西在生态本底上的优势。

3. 动力竞争力

总体来看，南宁动力竞争力明显不及重庆、成都、昆明，但略高于贵阳、柳州。

从创新能力来看，南宁创新能力明显弱于重庆、成都，且差距显著，与昆明、贵阳相比得分略低。通过考察创新能力和经济实力的得分，发现两者具有一定的正相关性，即城市的经济实力较强，其创新能力相对较强。因此，南宁应大力实施创新驱动战略，全面提升创新能力，推动创新能力和经济实力相互促进、共同发展。

从开放程度来看，南宁开放程度得分为0.067，与重庆（0.367）、成都（0.350）相比，南宁的开放程度得分不足重庆、成都的1/5，仅为昆明（0.127）的1/2，略高于贵阳和柳州的开放程度。进一步观察4A级以上景区个数，南宁仅次于成都；全国城市展览会数量，与成都相比基本持平，均高于重庆、昆明、贵阳、柳州。表明南宁与周边城市相比，仍有待进一步提升开放程度。

从交通便捷来看，南宁、柳州的得分与重庆、成都、昆明、贵阳相比明显较低。就交通便捷各项评价因子而言，广西各城市虽然在公路网密度、列车班次、火车站点数指标上远低于重庆、成都、昆明、贵阳，但飞机航线和距最近海港距离，广西明显领先于重庆、成都、昆明、贵阳，表明广西在航空、港口这两种交通运输方式上具有一定的优势。

从信息水平来看，南宁的得分与重庆、成都相比明显偏低，但高于昆明、贵阳。近年来，随着南宁"大数据"产业的持续发展，目前南宁互联网普及率已达到全国平均水平；人均邮电业务总量为6268.46元，虽与贵阳（9810.52元）、成都（8710.96元）仍存在一定差距，但已超过重庆、昆明的人均邮电业务总量，表现出了南宁信息化发展的向好势头。

（四）广西城市竞争力提升策略

1. 提升广西区内次区域分工协作程度，着力推动强首府战略实施

以北部湾经济区为主体的沿海地区、以珠江—西江经济带和桂林国际旅游胜地为主体的沿江地区、以左右江革命老区和沿边经济带为主体的沿边地区，构成广西承载地方发展的三大地区、五大空间载体。沿海地区重点融入"一带一路"战略，发展海洋经济；沿江地区重点对接粤港澳大湾区，积极建设承接产业转移示范区，打造大旅游圈；沿边地区重点稳边安边兴边，大力发展口岸经济。同时，打破城市间的地方保护壁垒，实现人流、物流、信息流在城市间的畅通流动。进一步实施强首府战略，引导北海、钦州、防城港融入南宁都市圈，加强南宁都市圈和北部湾临海经济区之间的要素统筹，科技创新、人才智力、金融税收、国土空间等资源配置重点向南宁倾斜。加快建设中国（广西）自由贸易试验区南宁片区、中国（南宁）跨境电子商务综合试验区、中国—东盟信息港南宁核心基地、南柳桂北国家自主创新示范区等平台，培育引领全区开放发展的核心增长极。

2. 畅通海陆物流运输通道，助推"三大定位"实现

从服务"一带一路"、西部陆海新通道、珠江—西江经济带等国家战略出

发，要加快建设港口、铁路、公路多位一体的海陆运输通道。发挥广西临海优势，整合北部湾经济区港口资源，加快推进北钦防一体化，争取与广州、深圳、香港等大湾区港口合作，积极推进"智慧港口"建设，优化港口作业效率、集疏运结构和物流效率，打造中国西南地区最便捷的出海通道。发挥广西沿边优势，根据地理区位合理选择各口岸贸易的主打产品，充分发挥比较优势，改善软硬件设施，尽可能以机检代替人检，推进"一站式"通关，畅通广西与东盟各国的陆上通道。完善区内物流交通网络，提高道路等级和江河通航能级，推进水公铁联运发展，加快建设南宁陆港型国家物流枢纽，从战略层面规划布局区内各市物流园区配套设施，建立物流管理信息系统，全面提高广西物流信息化水平。

3. 加快新旧动能转换，推动经济持续健康发展

立足制糖、汽车、机械、化工、铝业、有色金属等传统优势产业，大力推动传统优势产业生产环节向微笑曲线两端延伸，加快百色铝产业、柳州和玉林机械工业、崇左糖业等"二次创业"，通过技术创新、产品创新、体制机制创新推动传统动能改造升级，让传统产业焕发新的活力。推进新一代信息技术、新能源发动机、智能机器研发、生物医药、通用航空等新兴产业的发展，南宁、北海、桂林、柳州建设电子信息产业集群，在芯片设计、数字装备、模组制造及下游终端和应用开发方面加快产业链延展的步伐；柳州、玉林、贵港在机器人制造、新能源汽车、生物医药等领域实行重点突破；钦州、防城港发展绿色、安全、高效的石化中、下游产业和高附加值精品钢材产业。同时，加强产学研协同合作，加速就地转化科技成果，打通支撑传统产业和新兴产业发展的科技供给通道。

4. 以标准化促进基本公共服务均等化，推动社会高质量发展

依据国家基本公共服务标准以及各行业领域标准规范，结合广西经济发展、空间布局、人口结构和变动趋势、文化习俗等因素，重点在教育、就业、社保、医疗、文化、体育、养老等方面，制定本地化的实施标准。按照实施标准建立基本公共服务清单，安排一批普惠性公益项目，确保基本公共服务覆盖全民、兜住底线和均等享受。同时，结合城镇化发展，建立适应人口动态变化的跟踪评估机制，通过人口增减、人口结构等关键指标变化，合理调整公共服务设施配置、公共服务场地供应等，进一步推进基本公共服务均等化，提升城镇化发展的水平和质量。

5．科学处理好经济发展与生态保护的关系，巩固生态环境比较优势

认真践行"绿水青山就是金山银山"发展理念，找准保护生态环境与推进经济发展的平衡点。重点在节能减排、循环经济、大气污染综合治理、蓝天保卫、自然灾害防控、建设沿海防护林、创建公园园林城市等方面制定负面清单和具体对策。根据节能减排指标体系，提出低效益、高能耗、高污染产业的退出机制，同时大力发展新能源汽车、新材料、大健康、节能环保等战略性新兴产业。依托建立以国家公园为主体的自然保护地体系，科学管控自然保护地，并发挥广西生态环境优势，促进生态旅游、科研、科普等生态经济一体化发展，助推生态文明建设。增强自主创新意识，加大对科技发展的投入，鼓励企业与高校、科研院所进行产学研合作，培养和引进高科技人才，以科技进步提升城市的生态化发展。

四、广西各城市竞争力评价及策略

（一）第一梯队城市综合竞争力分析

1．南宁

1）城市发展综合评价

一是在全区层面上，综合竞争力保持领先。2018年南宁市综合竞争力仍位于区内榜首。总量竞争力中地区生产总值、社会消费品零售总额和金融机构人民币存款指标继续稳居全区第一，表明南宁在经济总量和消费能力上具有绝对优势；工业总产值仍低于柳州，但两者工业总产值的差距由2017年的2183亿元缩小到382亿元。质量竞争力中教育占公共财政预算支出比例较2017年增长11％，排名大幅提升。动力竞争力中科技创新能力、开放程度、交通便捷度、信息化水平等方面均排在全区首位。

二是在区域层面上，综合竞争力相对较低。与成都、重庆、贵阳、昆明等西部陆海新通道城市比较，南宁的综合竞争力排在末位，仅优于柳州，但开放程度和生态环境方面存在一定的比较优势。整体来看，除生态环境方面得分较高外，其余7个方面均较低。与昆明相比，南宁城市竞争力发展不全面，各方面发展不均衡，因此综合竞争力低于昆明。与贵阳相比，南宁的经济实力、社会福利、开放程度、信息水平得分虽然略优，但生活水平、创新能力得分较低，

成为南宁城市综合竞争力的关键短板。作为广西的"首善之区"，南宁在西部陆海新通道上的竞争力明显较低，必须加大"强首府"战略实施力度，强化提升首府及首府经济圈的支撑力、辐射力和先导作用（图6）。

2）城市竞争力提升战略

第一，发挥开放优势，聚焦现代服务业，打造面向金融开放门户

打造金融门户。以广西自贸区南宁片区为平台，重点发展现代金融、数字经济等现代服务业，打造面向东盟的金融开放门户核心区。推动金融改革，提高人民币东盟区域化水平，促进贸易投资便利化。推动中国—东盟金融城、跨境园区金融服务创新、跨境金融创新示范区等建设。加快创建保险创新综合试验区，推动境内外保险机构集聚，设立保险创新产业园，创新拓展跨境保险等保险业务。

做大健康产业。打造南宁医疗产业集聚区，争取打造为中国面向世界的医疗养生服务中心。利用自贸区政策优势，为境外医疗机构发展提供便利，探索建立与国际接轨的医学人才培养、医院评审认证标准体系，放宽境外医师到内地执业限制，先行先试国际前沿医疗技术。依托南宁经开区，打造医药产业集聚区，重点抓好生物医药项目建设，突出产业配套，完善医药产业链条。

拓展文化娱乐产业。形成以文学、动漫、影视、音乐、游戏、演出等多元

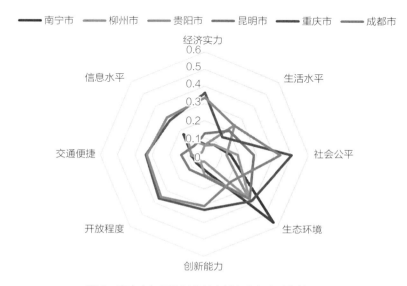

图6　南宁市与区外其他城市城市竞争力对比情况

文化娱乐形态组成的开放、协同、共融共生的文化娱乐产业，引入外资文化娱乐经纪机构进驻，允许外商独资设立娱乐场所。

第二，建设西部人才通道和西部科创通道，提升创新水平

结合西部陆海新通道建设实际以及深化拓展合作空间的需求，积极推进西部人才通道和西部科创通道建设，推进与西部高校之间的深度合作，强化与西安交通大学、四川大学、重庆大学、西北工业大学、兰州大学等西部陆海新通道重点高校之间的合作。结合实体经济发展，建立若干建设目的明确、合作方向清晰、要素保障有力的实体性研究院，服务于粤港澳大湾区和西部陆海新通道建设。

支持境内外投资者在自贸区设立联合创新专项资金，就重大科研项目开展合作，允许相关资金在北部湾地区自由使用。支持境内投资者在境外发起的私募基金参与创新型科技企业融资，凡符合条件的可在北部湾地区投资。支持新片区优势产业向长三角地区拓展形成产业集群。

进一步吸引人才集聚，放宽现代服务业高端人才从业限制，特别是对金融、建筑、规划、设计等领域符合条件的专业人才在人员出入境、外籍人才永久居留等方面实施更加开放便利的政策措施。建立外国人在自贸区工作许可制度和人才签证制度。

第三，加快落实强首府战略，增强区域性国际大都市承载力，引导区域资源空间整合与结构优化

加快落实强首府战略，构建南宁大都市区，向南向海拓展城市发展空间，以城乡一体化发展为原则，提升主城区，重点向南建设五象新区、向东拓展长塘、三塘和邕宁片区，加快推进武鸣城区、吴圩空港新城、六景产业新城以及那马、伊岭等特色近郊城镇组团建设，全面构建多中心、多组团的大都市区空间结构。重点强化现代服务、教育科研、休闲旅游等综合服务功能，提升高新技术产业、高端加工制造业等产业功能。

持续巩固城市生态优势。进一步提升"中国绿城"品质，深化国家森林城市和生态园林城市建设，构建"300m见绿、500m见园"城市绿地综合体系，率先开展"公园城市"建设试点及创建国际花园城市。积极开展城市修补和生态修复，提高滨水空间连续性、可达性，营造高品质强活力的蓝绿网络，建设覆盖中心城的无障碍城市慢行绿道系统。

2．柳州

1）城市发展综合评价

一是工业领军地位明显，总量竞争力稳居第二。工业占柳州经济发展的半壁江山，2018年柳州地区生产总值突破3000亿元，达3053.65亿元，增长7%；规模以上工业增加值1409.5亿元，增长3.6%；规模以上工业利税、利润分别增长14.6%和36.3%，高于全国、全区平均水平。柳州实施老工业基地调整改造成效显著，获国务院第五次大督查通报表扬。柳州螺蛳粉互联网日均销量突破100万袋，全年袋装螺蛳粉产值超过40亿元。智能家居等产业发展提速，为工业转型升级注入新动能。

二是质量竞争力指数突出，各项指标位居前列。2018年，柳州城镇居民人均可支配收入34849元，增长6.5%；农村居民人均可支配收入13488元，增长11%，城镇化率64.74%，居广西第一，民生与社会各项事业实现新发展。发放就业创业补贴1.48亿元、创业担保贷款4.3亿元。城镇新增就业6.11万人，农村劳动力转移就业7.94万人，城镇登记失业率2.92%。社会保险覆盖面不断扩大，城乡居民养老保险、医疗保险参保率分别达到90.3%、97.5%。

三是汽车行业遭遇"凛冬"，发展后劲和动能面临挑战。在全国汽车市场总体下行的大环境下，加上国六排放标准在全国的各汽车消费大省已提前实施（提前实施区域的销量占柳州市汽车销量比例超过60%），而柳州市汽车企业产品开发项目进展滞后，导致柳州市两大汽车厂库存高，且90%以上都是国五排放的车，给企业和经销商造成巨大负担，不得不以减产来应对。

2）城市竞争力提升战略

第一，加快传统产业转型升级，发展壮大战略性新兴产业。加强排放技术研发，开发新能源车型，尽快出台国六技术升级及技术应对方案，占据消费市场。以广西柳州汽车城为主要承载地，强化上汽通用五菱、东风柳州的龙头带动作用，重点开发新型微型轿车、中型轿车、多用途汽车（MPV）、运动型多功能车（SUV）等乘用车。深入推进汽车零部件再升级改造，重点推进新型变速器、发动机等项目，补齐补强产业链。推进新能源整车基地建设，加快引进新能源汽车电池、电机、电控等企业，推广应用新能源城市用车。加快开展汽车用钢、高附加值品种钢研发，实施柳钢特种钢精线深加工等项目。巩固提升柳州在国内汽车行业的战略地位，打造国际知名、国内一流的中高端汽车制造基地。

第二，**健全社会保障体系，不断改善人民生活**。深化教育文化、医疗卫生、社保养老等领域改革，使改革措施精准对接发展所需、基层所盼、民生所向。推进全民参保计划，健全覆盖城乡居民的社会保障体系。建设养老服务业综合改革试验区，健全城乡特困供养人员供养标准自然增长机制，关爱保护农村留守儿童、城乡困境儿童，完善社会救助、社会福利制度。

第三，**加快构建开放型经济体系，完善柳州产业体系**。建立企业"走出去"联盟，鼓励柳州企业与大湾区企业"抱团出海"，支持上汽通用五菱、柳工等企业参与"一带一路"国家地区共建生产制造基地。继续新增国际航班和连接粤港澳大湾区航线，推进柳州航空口岸正式开放，力争柳州保税物流中心实现封关运营。主动参与珠江—西江经济带、粤港澳大湾区、西部陆海新通道分工协作，共同开拓"一带一路"市场，加快建设粤桂黔高铁经济带合作试验区柳州园区。

3. 桂林

1）城市发展综合评价

一是总量竞争力仍是制约城市综合竞争力短板。桂林的综合竞争力在全区排名保持第三位。经济实力相对较弱，地区生产总值较2017年下降3%，工业总产值较2017年下降严重。面临经济下行压力，桂林积极培育电子信息、先进装备制造、医药及生物制品、生态食品四大主导产业，积极淘汰有色金属、铁合金、水泥产业等落后产能，产业转型的阵痛凸显。而在社会消费品零售总额上，桂林市仍存在发展动力不足的问题。从质量竞争力、动力竞争力总体评价来看，桂林各方面均位于第二位，虽低于南宁，但是均优于柳州。

二是动力竞争力基础较好，但未能有效提升城市综合竞争力。从动力竞争力来看，桂林各方面均存在短板。开放程度方面，2018年桂林入境国际旅游者人数达到274.70万人次，全区最高，分别是南宁、柳州的4倍和11倍，城市知名度也居全区最高，但是并未带来明显的旅游收入增长。同时，桂林市2018年进出口总额仅为72.76亿美元，频繁的人口活动与物质交换总量极不成比例。创新能力方面，桂林具有较好的高校资源优势，万人拥有高校在校学生数全区最高，但是反映经济创新活动的专利申请授权数量、科技从业人员数量均低于南宁、柳州。总体来说，动力竞争力基础良好，但是未能有效提升城市的综合竞争力。

2）城市竞争力提升战略

第一，推动制造业向智能型、服务型和生态化转变，推进工业向中高端迈进。 加快制造业与服务业融合发展，推动制造业由生产型向生产服务型转变。整合资源、集中力量在电子信息、生物医药、先进装备制造、生态食品等优势产业实现重点突破，提升和巩固其主导地位，推进智能制造，促进产业转型升级。发挥现有优势和后发潜力，充分利用国内创新资源，积极培育新一代信息技术、节能环保、新材料、大健康等新兴产业，重点突破一批关键核心技术，加速创新成果转化，促进产业化进程。运用"互联网＋"、智能技术、循环利用技术等先进适用技术，改造提升包装与竹木加工、化工建材、电力、橡胶制品、冶金等传统产业，提升产业和企业的核心竞争力。

第二，提升桂林科教地位，努力建设东盟人才基地和创新中心。 依托广西师范大学、桂林电子科技大学和桂林理工大学，加强与国内西部高校交流合作，着力强化桂林电子科技大学与西安电子科技大学之间的对口合作，大力发展对外教育交流合作，吸引发达国家和发达地区知名院校在桂林建设国际学校、校中校或一流学科，打造国际化、高水平发展的桂林教育事业和产业，满足社会日益增长的教育新需求，建设面向东盟人才基地和创新中心。出台激励高校师生创业创新政策，加强桂林国家大学科技园建设。支持高校将科研人员在科技成果转化过程中取得的成绩和参与创业项目的情况作为职称评审、岗位竞聘、绩效考核、收入分配、续签合同等的重要依据。

第三，将文化优势转化成产业优势，培育发展新动力。 推进动漫游戏与旅游、教育、文化等产业融合发展，大力发展数字内容、动漫游戏、视频直播等基于互联网的新型文化业态，支持力港、坤鹤等企业开拓海外市场。加快布局人工智能、区块链、北斗导航等数字产业和前沿技术。以桂林国家高新区创意产业园等产业园、产业示范基地为平台，推动文化创意产业企业入园，发挥集聚效应。为文化企业或科技企业寻求合作伙伴，为文化和科研的合作提供担保，对在文化与科技创新领域具有发展成效的企业予以资助和奖励。鼓励文化企业"请进来、走出去"，积极参与国内外文化产业资本运作，面向东南亚搭建桥梁，引进和输入优秀文化产品。

第四，推进国际旅游胜地升级发展，推进国家健康旅游示范基地建设。 推进国际旅游胜地升级发展。推进旅游产品国际化和品牌化，积极引进一批国际品牌酒店、休闲产品、购物中心，加速形成国际品牌聚集效应；推进旅游服务

标准化，提供与国际接轨的餐饮住宿、旅游购物、导游等服务，加快建设一批
具有国际品质的旅游服务中心。争取自治区尽快出台《以世界一流为发展目标，
打造桂林国际旅游胜地的实施意见》等系列文件，争取设立综合保税区、扩大
入境免签旅游团范围、放宽出境口岸限制等政策，加快推进融创万达文化旅游
城、兴安乐满地5A级文化旅游康养综合体、兴坪古镇等项目，建设世界一流的
旅游目的地。推进国家健康旅游示范基地建设。统筹推进示范基地建设与旅游
胜地升级发展。加快建设桂林国际智慧健康产业园、中国—东盟友好疗养基地
等健康旅游产业集聚区，持续推进龙光国际健康旅游休闲养老特色小镇、美好
家园国际旅居康养小镇、中医药传承创新工程、恭城平安康养特色小镇等项目，
开工建设会仙湿地国际旅游度假小镇等项目，抓好桂林智慧健康云建设，提升
"漓水青山·养生桂林"城市品牌。

（二）第二梯队城市综合竞争力分析

1. 玉林

１）城市发展综合评价

一是总量竞争力排名靠前，城乡收入差距大。玉林城市竞争力位于广西
前四，但是质量竞争力排名不高。2018年，玉林市城镇居民人均可支配收入
33960元，同比增长5.6%；农村居民人均纯收入13597元，同比增长8.0%。
从收入总量来看，玉林市城镇居民人均可支配收入比农村居民人均纯收入多
20363元，虽然农村居民人均收入增速明显加快，但总体而言差距依然较大。

二是质量竞争力指数不高，消费市场发展滞后。2018年，玉林市常住人
口584.97万人，其中城镇常住人口288.31万人，城镇化率49.29%，低于广
西城镇化率平均水平。城镇化率的提高一定程度上能拉动消费的增长，2018
年，玉林市社会消费品零售总额788.4亿元，排名第四，较排名第一的南宁市
少1426.29亿元，差距明显，提升质量竞争力任重道远。

三是动力竞争力指数不高，旅游和商贸发展缓慢。玉林开放程度竞争力排
名靠后，2018年，玉林市进出口总额34.97亿元，同比增长2.88%，其中，出
口25.7亿元，同比增长2.63%，进口9.15亿元，同比增长2.23%。2018年，
玉林市旅游总收入581.42亿元，同比增长38.55%，旅游总人数5243.63万人，
同比增长31.42%；南宁市旅游总收入1387.54亿元，同比增长23.07%，旅游

总人数13094.6万人，同比增长19%。玉林市旅游总收入、总人数明显低于南宁市，在一定程度上制约了服务业升级发展。

2）城市竞争力提升战略

第一，大力发展新兴业态，提升市场活跃程度。着力打造一批现代服务业集聚区。加快商贸物流业发展，实施"商贸兴玉"战略，建设一批高水平的大型专业市场、城市综合体、特色专业街区和新型特色专业市场集聚区，打造北部湾城市群商贸中心。一是提升壮大特色专业市场。培育和壮大中药材、香料、建材家居、农产品批发、服装贸易、汽车交易、水产品批发、机械及配件、农资、花卉、再生资源回收等专业批发市场。二是构建现代商贸流通体系。积极构建现代零售商业、新型批发市场、农村市场流通和现代物流配送等四大体系，大力发展现代商贸流通业。加快城市中心商业区、商业中心建设，规范沿街商铺，打造商业特色街，带动消费品市场快速发展。

第二，充分挖掘农村市场，增加城乡居民收入。通过抓好城乡基础设施网络，推进城乡配电网建设改造，加快农村宽带网络和快递网络建设，推进农村电商发展和"快递下乡"。搭建农村一、二、三产业融合发展服务平台，大力发展农业新型业态。实施更加积极的就业政策，创造更多就业岗位，持续增加城乡居民收入，逐步缩小不同群体间的收入差距，提高人民生活水平。完善社会保障体系，提高住房保障水平，健全社会救助体系，进一步提高城乡居民消费信心和消费能力。

第三，促进旅游投资消费，深化对外开放程度。以"全域旅游"工作为抓手，进一步打响"田园风光看玉林"的旅游品牌。抓好旅游产品创新升级，整合挖掘旅游资源，依托中医药健康养生、山水生态健康养生、温泉健康养生资源，开发一批特色鲜明、主题突出、风情浓郁、富有特色的休闲度假产品。推动旅游与相关产业融合，挖掘丰富的历史文化，打造文化旅游共生体，开发一批高品质的旅游演艺节目，提升旅游的文化内涵和价值。

2. 钦州

1）城市发展综合评价

一是抢抓重大历史机遇，总体竞争力跃上台阶。2018年，钦州城市竞争力由2017年的第7名上升至第5名，经济社会各项建设实现大跨越。钦州牢牢把握西部陆海新通道上升为国家战略、自贸试验区获批、中马"两国双园"获习近平总书记赋予"成为陆海新通道重要节点"新战略定位等重大历史机遇，加快建设"一带一路"西部陆海新通道枢纽城市，坚定走依海而兴、向海而荣的发展道路，明确国际陆海贸易新通道门户港、向海经济发展集聚区等战略定位，融入国家新一轮开放布局。

二是外联内合新通道，动力竞争力明显增强。2018年，钦州港港口吞吐量突破1亿t，集装箱吞吐量232万标箱，港口吞吐量同比增长21.1%，集装箱吞吐量同比增长25.4%，增速排名中国沿海港口前列。钦州已建成运营钦州铁路集装箱中心站，打通了海铁联运的"最后一公里"，年装卸能力由15万标箱跃升至105万标箱，满足西部陆海新通道中长期发展需求。开通运行重庆、成都、昆明、宜宾、泸州、贵阳、自贡、兰州至钦州8条海铁联运班列，钦州至波兰马拉舍维奇、德国杜伊斯堡2个中欧班列实现首发，实现与中欧班列网络的无缝对接。

2）城市竞争力提升战略

第一，建设全新开放门户，打造西部陆海新通道核心出海港。全面加强临港现代物流业发展，做好大港口、大物流、大通道建设，依托西部陆海新通道和自贸区，统筹谋划物流产业园区，围绕千万标箱国际集装箱干线港，做好临港物流服务业。特别是加快通道基础设施、配套设施建设，提升港口管理服务运营水平。用好自贸试验区发展支持政策，在金融、航运等改革创新领域争取国家更大支持，完善跨境电商、保税交割、大宗商品交易等功能性载体，引进一批重大产业项目，建设面向东盟开放合作的先行先试示范区。增开远洋集装箱航线，扩大海铁联运班列覆盖范围，加快保税物流、冷链仓储、港航服务等业态发展。打造国际贸易"单一窗口"升级版"智慧湾"项目，实现全港通行"一卡通"。

第二，壮大向海经济和临港产业，打造绿色化工新材料产业集群。做强临港大工业，瞄准绿色石化产业，构建全国独有的"油、煤、气、盐"齐头并进的多元石化产业体系。以中石油千万吨炼油项目为支撑，以打造国家级沿海石化产业基地为目标，重点推进华谊钦州化工新材料一体化、百万吨芳烃、广投乙烷制乙烯、四川能投轻烃综合利用等龙头项目，加快向炼化一体化、精细化工、化工新材料等方向发展，延伸芳烃、烯烃等特色产业链，推动石化产业绿色高效发展，打造高端化工新材料产业集群。以绿色石化产业为龙头，加快产业链的横向扩展和纵向延伸，不断推动装备制造、新能源汽车、医药、电子信息、大数据、林浆纸一体化、粮油食品、坭兴陶等产业集群化发展。

3. 防城港

1）城市发展综合评价

一是总量竞争力中经济总量小，人均指标优势减弱。2018年防城港城市综合竞争力排名第6，与2017年排名相较无变化。2018年防城港的地区生产总值为696.82亿元，居全区第12位，较2017年下降一位。虽然防城港政府工作报告中提及2018年GDP增长7.4%，高于广西6.8%的平均水平，但从总量规模的排名变化来看，其经济形势不容乐观。此外，2018年防城港人均GDP达到73601元，居全区第2，排名较2017年下降一位，与2017年相较几乎无增长。而2018年柳州、北海、崇左等城市的人均GDP增长均超过1万元，柳州的人均GDP增长13090元，该项指标排名全区第1。由此可见，防城港的人均指标优势有所弱化。

二是质量竞争力、动力竞争力较低，拉低了城市综合竞争力水平。总量竞争力和动力竞争力排名第5，但质量竞争力排名第7，质量竞争力成为限制防城港综合竞争力发展的短板。从质量竞争力具体指标来看，防城港生活水平方面排名第9。2018年，防城港千人床位数为4.23张，医疗机构床位数等医疗配套设施低于全区平均水平，医疗卫生支出10.71亿元，为全区最低。教育占公共财政预算支出比例虽然较2017年增加0.51个百分点，但教育支出仅为15.87亿元，处于全区末位。由此可见，防城港的民生难题仍需破解。

2）城市竞争力提升战略

第一，培育壮大发展新动能，提升经济实力传统优势产业转型升级。对接自治区沿海冶金工业"一核三带九基地"布局，做大做强钢铜镍等支柱产业，推动冶金、糖、铝、粮油等产业二次创业向纵深发展。做强核电、火电等能源产业，深入贯彻国家电力体制改革，有序放开公益性和调节性以外的发用电计划，建立面向东盟的能源交易平台。吸引培育战略新兴产业，以防城港自治区级高新区为平台，大力发展新材料、高端装备制造、新一代信息技术和生物医药等四大战略新兴产业，加快培育发展现代服务业。积极吸引生物医药、冷链物流、电子制造、空间信息技术、检验检测、现代服务业等新兴产业入驻。

第二，把握国际医学开放试验区，建立机遇，补齐民生短板。贯彻习近平总书记关于"支持在防城港市建立国际医学开放试验区"重要讲话精神，以防城港市建立国际医学开放试验区为契机，积极学习借鉴先进经验，着力打造国际医学基地、交流中心、产业园区和合作平台，加大医疗设施投入，吸引国内外优质医疗资源，切实提升防城港医疗康养水平。加大城市财政在民生领域投入，特别注重教育设施攻坚，加强就业和社会保障，繁荣发展文体事业，惠民生、办实事，将基础设施、教育、卫生、文化、交通领域历史欠账补齐，提升城市宜居水平。

第三，积极参与西部内陆地区的物流联动，落实国家物流枢纽城市建设。深化与西南中南地区交通物流合作，与四川、重庆等省市合作打造飞地园区，建设区域性商贸物流中心和产业合作基地。加快建设港口型国家物流枢纽、加快建设一批港航工程，改善进出口航道条件，提升港口陆海联运、水水中转和国际中转等功能；加快建设边境口岸型国家物流枢纽，完善建设南向通道沿线铁路、公路、口岸、物流园区等基础设施，推动与越南等东盟国家"两国一检"试点。

第四，推动互市贸易转型升级，加快通道经济向口岸经济转变。大力推进"互市+落地加工"发展。努力争取国家层面明确互市进口商品进入内地流通的合法地位，争取海关部门对相关政策进行修订和优化，争取修订互市贸易负面清单，提升互市贸易便利化水平，进一步完善跨境劳务合作机制。加强跨境经济合作，推动沿边产业升级发展。紧紧围绕推动跨境合作产业发展，加快推进沿边产业园区建设，尤其是跨境经济合作区建设，加强跨境沟通协作，明确产业发展定位，优化政策营商环境，按照"前店后厂"模式，以跨境经济合作区建设带动其他园区出入境加工制造业快速发展。

4. 北海

1）城市发展综合评价

一是海洋产业蓬勃发展，动力竞争力不断增强。2018年，北海市获批成为全国14个海洋经济发展示范区之一，动力竞争力各项指标排名有明显上升。海洋产业结构明显优化，滨海旅游、现代渔业等传统产业优势进一步凸显，海洋生物医药、涉海金融服务业等新兴产业取得突破性进展。创新海洋特色全域旅游发展模式，开展海洋生态文明建设示范。以创建国家全域旅游示范区为契机，加大旅游发展力度，成功举办多次高规格、影响大的旅游营销活动，"面朝大海·心仪北海"旅游品牌效应不断扩大，推动旅游产业全面发展。

二是市场下行压力加大，质量竞争力有所下降。受贸易摩擦影响，生产景气程度仍较低，部分企业原材料供给受限、生产成本上涨、订单清退乃至企业生产线外移等一系列不利因素陷入停产和减产局面，消费品市场有所回落。

2018年，全市共有73家规上企业出现负增长（除去本月停产企业），占规上企业总数的29.8%，拉低全市累计产值11.3个百分点。重点产业支撑持续减弱。目前，北海石化行业产能已达上限，即使满产产量也只能与上年持平；新材料行业受钢材价格波动及业务统计口径调整制约，产值下滑严重。

三是高房价抑制城乡发展，总量竞争力提升缓慢。2018年北海市人均居住类支出占城乡居民消费性支出的比重为23.2%，在八大类支出中是除食品烟酒类外占比最高的类别，其他六类支出不足消费性支出五成，居住类支出对居民人均消费性支出的挤占效应明显。造成居住类支出占比过高的主要原因是北海商品房价格过快增长导致相关房租物业等的费用大幅上升。高房价对消费抑制显著，一是高房价让许多人沦为"房奴"，在沉重的房贷压力下，消费难以增加；二是高房价改变了人们的预期，增加了预防性储蓄需求，内需消费有待拉动。

2）城市竞争力提升战略

第一，加大海洋经济对外开放合作力度，打造新消费热点。拓展海上丝路国际通道，构建"一带一路"门户枢纽。探索面向东盟海洋创新合作，打造中国—东盟海洋科技战略合作示范城市，建立面向东盟的海洋科研实验基地与交流中心，建设面向东盟的金融开放门户示范城市。借力国家海洋第四研究所落户北海的契机，加强海洋基础研究、海洋生物科技研究、成果转化和人才培养。着力发展滨海文化旅游、创意旅游、体验旅游及健康旅游，融合发展海洋科普、教育培训和文化创意产业，促进、完善和优化"食、住、行、游、学、娱"等旅游要素配套协调发展，建设国内一流的滨海旅游休闲胜地，打造新消费热点，推动供给向更高层次转变。

第二，抓产业抓投资抓项目，推动电子信息产业集聚发展。依托北海工业园区、北海高新区、北海综保区等园区，重点加快以智能终端及新型显示为主的新一代信息技术产业发展，大力推进配套企业的移动智能终端项目和智能电视机项目建设，打造全球最大的智能电视机生产基地和西南最大的移动智能终端生产基地。通过中电北部湾信息港、京东云引进电商企业，加快发展软件和信息服务业。促进三诺、冠捷、石基、建兴等电子信息企业加快发展。推动北海威六科创中心在广西率先开展IPv6示范应用，加快建设IPv4-IPv6互联互通云中心、IPv6大数据应用与孵化平台，超前布局下一代互联网产业。

第三，降低城镇居民住房支出，提高居民经营性收入和财产收入。一是推动以廉租房和经济适用房为主体的保障性住房建设，解决广大中、低收入居民的安居问题，增加居民住房消费的可选择性；引导居民在不同年龄段、不同收入水平选择不同的住房方式，以降低居民的住房费用支出。二是进一步优化城市创业环境，拓宽风险投资、小额贷款等渠道，大力支持自主创业、自谋职业。鼓励居民出租住房，增加房源，发展租赁市场。

（三）第三梯队城市综合竞争力分析

1. 梧州

1）城市发展综合评价

一是城市综合竞争力保持稳定，产业转型效果逐步显现。梧州的城市竞争力在全区排名第8，在区内保持中等竞争力。受到经济下行与产业转型双重压力，2018年梧州经济总量显著下滑，但产业转型初现成效。2018年，梧州市三次产业比重为14：40：46，二次产业的比重下降到50%以下，三次产业比重提升至40%以上，这是自2007年以来，三次产业结构的首次重大调整，进入新常态以来，梧州市产业转型成效逐步显现。2018年社会消费品零售总额较2017年增长22%，内需增长明显。

二是交通区位进一步优化，动力竞争力有所提升。在交通便捷程度上，2018年，梧州港货运吞吐量达到4002万t，占广西内河港口总货物吞吐量的28.83%，占广西规模以上港口货物吞吐量的10.57%，保持广西第二大内河港口地位。2018年梧州西江机场迁建工程通过验收，目前西江机场通航的城市共有北京、上海、长沙、贵阳、重庆、温州、青岛等。同时，梧州至信都高速公路、贺州至巴马、荔浦至玉林高速公路梧州段，西江四桥等加快推进，龙圩综合客运枢纽站主体工程竣工，梧州成为广西同时具备水、陆、空立体交通优势的城市。在创新能力方面，2018年专利申请授权量达到1999件，较2017年增长212%，创新能力显著提升。

2）城市竞争力提升战略

第一，融入粤港澳大湾区，承接珠三角地区产业转移，优化自身产业体系。大力推动生物医药、再生资源、再生不锈钢、林产林化、陶瓷、钛白、石材等产业向精深加工方向和产业链高端延伸。以扩能改造为重点，全力整合提升日用化工、五金水暖、纺织服装等轻工产业，再创梧州轻工业发展新优势。以培育产业集群为重点，推进机械制造、电子信息、生物制药、食品加工等产业优化升级。大力推进梧州高新区创建国家级高新区，培育一批能够创造形成新的经济增长点、体现创新驱动引领的战略性新兴产业。以电子制造、信息服务、生物医药等产业为重点，支持企业开展重大产业关键技术、装备和标准研发攻关，建设一批自治区级以上重点实验室和研究中心，加强企业与高校科研院所的产学研合作，引导构建产业技术创新联盟。

第二，抓住西部向海新通道建设机遇，巩固区域性交通枢纽地位。抓住西部向海新通道建设机遇，加快柳州经梧州至广州铁路规划建设。增强梧州西江机场的区域地位，尽快落实加密云南、贵州、广东方向航班，加强机场与梧州南站交通联系，依托广昆铁路增加机场至南站轨道交通线路，实现空铁联动。积极拓展与西江沿线港口城市合作，探索构建区域联动的内河港口运输体系，加密西至云南、东至广东的固定航线，加强集疏运体系建设，发展多式联运。

2. 来宾

1）城市发展综合评价

一是经济总量整体偏小，总量竞争力排名靠后。2018年，来宾地区总产值692.41亿元，总量竞争力排名11，排名靠后。经济发展存在新旧动能转换不足、产业发展步履艰难等问题，特别是糖、铝、冶炼等传统产业转型步伐偏慢，高耗能行业占比高达60%以上；碳酸钙、茧丝绸、印染服装、汽配等新兴产业体量较小，对工业增长贡献率不到1%；规上工业增加值、全口径税收收入等稳增长基础性指标、高质量发展导向性指标不够突出，"红黑榜"排位中"不红不黑"居多；工业企业因生态环保、经营管理等多方问题导致停减产面居高不下，产值负增长面达13.8%，其中负增长超过20%企业面达19.2%。

二是南柳虹吸效应明显，动力竞争力发展后劲不足。来宾综合排名为第11位。从各分项指标上看，来宾的总量竞争力、质量竞争力和动力竞争力均排在11位。来宾位于南宁与柳州两大城市中部，虽然交通便利，但易受到南宁与柳州两大经济体的双重挤压，无论是在产业发展及人才引进上都面临竞争压力，城市需要找准突破口实现精准突围。

2）城市竞争力提升战略

第一，加快传统企业转型升级，做大做强工业产业。利用区位交通、地价、劳动力成本等优势，着力培育规模以上工业企业，稳定原有规模以上工业，挖掘有潜力的工业企业进行培育。要加快引导工业产业结构优化升级，努力引进和培育特色高新技术产业，淘汰产能落后和高能耗的低小散企业。要实行"一企一策"的工作机制，搭建政企联动平台，积极协调解决企业生产运行、项目推进中遇到的困难和问题，全力解决企业发展难题，密切跟踪协调停减产企业加快复产达产工作。大力培育碳酸钙、汽配、新材料等新兴产业，重点打造合忻碳酸钙、兴宾区小平阳碳酸钙产业园，力争把碳酸钙产业培育成来宾市新兴的支柱产业。

第二，聚焦补短板强弱项，蓄力提升基础设施水平。着力补齐工业园区配套设施短板，积极引入社会资本和龙头企业带动园区建设开发。完善兴宾高安新材料、兴宾区碳酸钙、合忻碳酸钙和各县（市、区）林产品深加工等园区内的水、电、路、污配套设施，不断提升园区承载力和发展效益；抓好大工业区域电网广铁线建设，扩大供电范围；加快推进金秀桐木、忻城红渡、武宣黔西等工业园区污水处理厂建设。

第三，聚焦创特色树品牌，蓄势加快现代服务业发展。培育和打造新旧城区商贸圈、餐饮特色街等消费热点，支持来宾特色产品发展壮大，打响"天下有来宾，来宾有特产"特产品牌。着力创建滨港现代物流、兴宾区电子商务等自治区级服务业集聚区，继续提升金秀瑶都生态养生服务基地、高新科技园现代服务聚集区发展，引导和促进现代服务业向集聚区发展。围绕服务产业园区和碳酸钙产业发展需要，加快兴宾、象州、武宣港口码头建设步伐，大力发展现代物流产业。

3. 百色

1）城市发展综合评价

一是多项指标提速晋位，城市竞争力日益提升。 2018年，百色市多项指标有不少新突破，各项工作推进扎实。与2017年相比，地区增长总值增长5%，财政收入增长8%。规模以上工业增加值增长12%。社会消费品零售总额增长10%。外贸进出口总额增长11%。城镇居民人均可支配收入增长5.3%，农村居民人均可支配收入增长10%。旅游接待总人数增长29%，旅游总消费增长36%。现代服务业不断壮大，新增限上规上服务业企业120家，排全区第三，新增文化产业示范基地1家。此外，百色至北京航线开通，拉近了老区百色与首都北京的距离，实现了对全国直辖市、长三角、珠三角等国内一线城市的航线覆盖。百色至河池、靖西至龙邦高速公路建成通车，"百色一号"开通中欧班列、中越跨境直通班列，互联互通水平进一步提升。百东新区成功列入4个自治区级重点城市新区，"再建一座百色新城"迎来重大发展机遇。2020年4月，国务院同意设立广西百色重点开发开放试验区，成为广西第三个国家重点开发开放试验区，将会进一步为构建全面开放新格局作出新的重要贡献。

二是民生福祉持续改善，支撑发展不断增强。2018年，民生方面支出321.32亿元，占一般公共预算支出比重82%。筹措78亿元实施社保、健康、教育等十大类惠民工程。完成公路建设3500km，改造农村危房7928户、农村饮水安全工程2282处。"5+2"特色产业贫困户覆盖率达93.71%。贫困劳动力累计就业20.7万人。易地扶贫搬迁累计完成17.45万人，实现"十三五"计划目标的96.4%。工业高质量发展初见成效，"铝二次创业"全面发力，百色区域电网总装机容量232万kW，电解铝产量150万t。龙邦、平孟、岳圩、湖润四个边贸产业园区开工建设，西林—广南产业园区启动建设，与泛珠三角地区、粤港澳大湾区、长三角等地区企业签约项目61个，跨境劳务合作取得新突破，跨省（区）经济合作园区建设扎实推进。

2）城市竞争力提升战略

第一，紧抓西部陆海新通道机遇，积极推进国际产能合作。夯实开放开发基础，积极融入建设西部陆海新通道，加强与粤港澳大湾区、北部湾经济区、滇黔川渝等地区合作，持续推进跨省区合作园区建设，加快百色—兴义高速铁路、百色经靖西至防城港高速铁路、云桂沿边（文山—百色—崇左—防城港）铁路、黄桶—百色、靖西—龙邦铁路、南昆铁路百色至威舍扩能改造前期工作。加快右江航道港口码头、作业区建设，畅通右江航道。出台专项优惠政策，促进边境贸易商品落地加工，规划建设进出口贸易加工产业园区。推动新兴边民互市点开放运营，促进边境贸易转型升级。发挥万生隆"一站式"口岸综合体等平台作用，加快建成龙邦智慧口岸。推动有色金属、农机装备、建材等优势产业走出去，加强与东盟国家经贸合作。

第二，利用国内外两种资源、两个市场，建立农产品"东盟生产+中国深加工"产业链。建设国际科技合作基地，推动先进农业新技术、新产品走出去。推动跨境旅游、跨境劳务合作。申报设立百色（靖西）边境经济合作区。推动中国龙邦—越南茶岭跨境经济合作列入"中越跨境经济合作区建设框架协议"。推动龙邦国际商贸物流园升格为国家级综合物流园区。引进跨境电子商务企业，开展面向东盟的跨境电子商务交流合作和服务。

第三，加快产业振兴步伐，培育驱动发展新引擎。深化文化和旅游市场改革，推进靖西创建"国家全域旅游示范区"，凌云、田阳等县创建广西特色旅游名县。推进百色起义纪念园、乐业大石围天坑群创建国家5A级景区。开发长寿养老、度假养生、休闲运动等健康旅游产品，因地制宜发展板蓝根、八角、灵芝、石斛等特色种植，发展壮药、瑶药等制药企业，建设百东新区生物制药产业园等现代中药原料产业示范区。

发展电商扶贫、农商协作等农村电子商务，推进快递网络、物流配送向乡村延伸，建设县、乡、村三级电子商务物流体系和农产品供应链体系、农产品营销体系。创新线上线下融合促销模式，在淘宝网、京东商城等电商平台和企业总部、社区举办"互联网+百色芒果节"。加大产学研融合，实施科技创新支撑产业高质量发展三年行动计划，推进百色高新区升格为国家级高新区。

4. 贺州

1）城市发展综合评价

一是经济实力快速提升，动能转换加快。2018年贺州城市综合竞争力全区排名第13位，较2017年下降1位。2018年贺州市地区生产总值为602.63亿元，经济总量规模居全区最末位，同比增长9.3%，经济发展增速首次跃升全区第一方阵。2018年贺州产业发展布局加速向新兴产业转型，设立贺州新经济新业态发展基金（母基金），启动广西数字贺州产业园、贺州健康云港产业园、广西倍易通电子产业园等三大新兴产业园规划建设，集聚了20多个新经济新业态项目，战略性新兴企业53家，新增产值64亿元，传统产业主导发展的局面得到转变。

二是交通便捷程度提升，开发格局不断扩大。2018年，贺州公路网密度提升至第13位，随着贺富一级公路、贺巴高速、贺连高速、信梧高速等一批重大基础设施的建设，贺州的交通便捷程度将进一步提升。在开放程度方面，贺州通过深入实施东融"五大行动"，主动承接粤港澳大湾区产业转移，来自粤港澳大湾区的投资占比达64.8%，来自大湾区的游客比重达70%。2018国际健康长寿论坛成功举办，并永久落户贺州；成功举办中国创新设计大会贺州峰会暨广西东融先行示范区产业合作创新发展论坛等活动。

2）城市竞争力提升战略

第一，优化产业结构，促进新旧动能转换，推动高质量发展。全面推进传统优势产业二次创业，改造振兴电力、钢铁加工、有色冶炼等传统特色产业，建设与粤港澳大湾区产业配套的钢铁铸件和不锈钢生产基地，积极打造广西一东盟矿山装备制造基地。发展壮大装配式建筑产业。运用好自治区装配式建筑试点市政策，发展壮大装配式建筑产业，依托超新材、贺州通号、科莱达等9家装配式建筑生产基地建设，强化与先进研发机构对接，打造装配式建筑产业建材集散地，争创国家级装配式建筑示范城市。

第二，落实广西东融先行示范区定位，全面对接融入粤港澳大湾区。打造高水平开放平台，深化与粤桂黔高铁经济带合作试验区广东园、贵州园以及高铁沿线城市的合作，积极把握承接先进制造业转移和开展大数据产业合作的机遇，加快贵广高铁经济带合作示范区建设。主动融入和服务粤港澳大湾区建设，以绿色农产品、健康养生养老和产学研合作为突破口，不断深化跨区域分工协作。

全力加快交通大通道建设。争取早日开工建设贺梧城际铁路；加快柳贺韶铁路、洛湛铁路（永州至玉林段）扩能改造、柳贺城际铁路、贺州动车组存车场等项目前期工作；加快推进贺州支线机场和通用机场项目，启动贺州通用航空产业园项目。加快贺江扩能一期工程前期工作，推进贺州临港产业区一期基础设施项目全面开工，力争实现贺州集装箱专用港口零的突破。

第三，进一步深入布局大健康大旅游格局。主动对接粤港澳大湾区巨大的市场需求，发挥"世界长寿市""中国十大养生城市"金字招牌效应，加大养生旅游项目投入和基础设施建设，挖掘长寿文化资源和品牌，不断延伸长寿养生经济产业链条。加快国家全域旅游示范区建设。以贺巴高速为轴区内联动，打造长寿经济发展轴，与河池联手塑造区内长寿公用品牌。推进健康管理、智慧养老、护理康复、医疗旅游等服务业发展，树立广西大健康产业品牌标杆。

5．贵港

1）城市发展综合评价

一是战略性新兴产业体系逐步构建，总量竞争力实力增强。2018年贵港综合竞争力排在全区第12位，较2017年下降2位。2018年贵港实现地区生产总值1169.88亿元，生产总值增长10%，增速全区排名第二，连续三年实现逆势提速、高速增长，2018年被自治区定位为广西战略性新兴产业城。近年来，久久星、爱玛、众泰等新能源汽车品牌相继落户投产，新能源汽车产业发展势头迅猛。

二是质量竞争力与动力竞争力发展欠缺。贵港市综合竞争力各方面发展不均衡，质量竞争力与动力竞争力发展欠缺。民生方面，2018年贵港市医疗卫生支出35.2亿元，虽然投入水平居全区第8位，较2017年增长14%，但由于历史欠账过多，其每千人床位数较2017年仅提升0.48张，仍然排在全区最末。对外开放方面，贵港拥有国家一类对外开放口岸，海关等口岸联检机构齐全，作为广西内河第一大港，其货物吞吐量占全区内河港口货物吞吐量的50%以上，但2018年全市进出口总额仅为27.60亿元，排全区倒数第3位。

2）城市竞争力提升战略

第一，构建战略性新兴产业发展集群，建设面向东盟的战略性新兴产业城。以建成战略性新兴产业城为目标，做大做强新能源汽车产业，壮大发展新一代信息技术产业，培育发展生物医药产业，大力发展智能装备制造产业，提升发展精细化工产业，积极发展新材料产业。围绕建设广西第二汽车生产基地、中国—东盟新能源电动车生产基地目标，优先布局新能源汽车整车制造及零部件项目，积极与国内新能源汽车企业接洽，结合新能源汽车企业生产布局，承接大湾区相关产业转移，主动对接已入驻龙头企业的上下游关联企业，推进新能源汽车、低速电动车项目落地，面向东南亚市场，将贵港建成华南地区规模最大、产品最全、技术最新、影响力最强的现代化新能源汽车基地。

第二，加快构建多式联运交通体系，积极构建外向型发展新格局。加快构建多式联运交通体系。加快建设进港铁路支线、疏港铁路、疏港公路等基础设施，推进贵港至北海等城际铁路和贵港市西外环公路等项目建设。支持桂平军民合用机场及贵港城区通用机场建设，着力构建铁路、公路、水运、航空多式联运交通体系。重点推进西江航运干线高等级航道扩能升级、贵港航运枢纽二线船闸等项目和高等级过船设施建设，强化广西西江航运交易所功能，着力将贵港打造成为西江航运中心。加快推进西江保税物流中心（B型）建设，力争尽快通过国家验收并封关运行。

第三，区域联动，建设现代宜居滨江城市带。以西江为轴线，布置沿江两岸重要产业基地，将贵港市辖区、桂平市和平南县沿江相关区域，作为"三大组团"整体纳入西江综合经济开发区，推进整体连片开发建设。打破行政壁垒限制，在产业、交通、人口方面实现区域协调发展。健全基本公共服务体系，提高均等化水平和群众的获得感。完善城市公共服务设施建设。大力推进城区环卫、电力、电信、邮政、广播电视、燃气、防洪、人防等重点市政工程建设，不断完善现有公园、景区、广场等市民休闲娱乐设施。加强棚户区改造，提升城市整体形象。

6. 崇左

1）城市发展综合评价

一是城市发展总量与质量有所提升。2018年，崇左城市综合竞争力排在全区第13位，较2017年下降3位。在总量竞争力方面，2018年全市地区生产总值1016.49亿元，总量仅排在第14位，但增速首次排全区首位，同时工业发展迅速。2019年崇左市政府工作报告显示，2018年规模以上工业总产值1088亿元，增长18%，增速排全区第3位；规模以上工业增加值369亿元，增长16%，增速排全区第2位。在发展质量方面，崇左市在社会福利、生态环境方面工作成效较为明显，城乡人均收入比持续下降、城市人均绿地水平不断提升。但生活水平仍然较低，2018年每千人床位数排在全区倒数第二，崇左城镇常住居民人均可支配收入排在全区第10位，社会消费品零售总额排在全区第13位。

二是动力竞争力基础良好，但发展不均衡。创新能力方面，2018年崇左万人拥有高等学校在校学生数300.56人，仅次于南宁和桂林，表明近年来崇左打造广西高校第三城富有成效，但专利申请授权量仅231件，居全区最末位，创新基础较好但实质性创新活动并不活跃。开放程度优势突出，2018年外贸进出口总额1475.69亿元，较2017年增长20%，总量连续10年稳居全区第一；公路网密度居全区末位，交通便捷程度有待进一步提升。

2）城市竞争力提升战略

第一，强化交通联系，创新贸易自由化制度，进一步激发边关活力。在崇左境内，与国内加强南北交通轴线联系，加快凭祥至东兴高速公路、巴马—田东—天等—龙州—凭祥高速公路前期研究，加快防城港—崇左—百色—文山（云南）出海铁路研究建设。与国外重点加强面向东盟构建东西轴线联系。加快南宁—新加坡高速公路、崇左—水口高速公路、隆安—硕龙高速公路、崇左—爱店高速公路建设等口岸公路的新建和改造，提高技术等级和通行能力。

创新贸易自由化制度，以跨境贸易、跨境物流、跨境金融、跨境旅游和跨境劳务"五跨"试点任务为重点，以投资自由、贸易自由、资金自由、运输自由、人员从业自由等为重点，围绕投资贸易自由化进行制度创新，推进投资贸易自由化、便利化。

第二，推动"通道经济"加快向"口岸经济"转型优化升级，实现口岸经济高质量发展。加快西部陆海新通道国际口岸建设，推进科甲、平而关、爱店、硕龙口岸等国际性口岸升级开放，打造贯通我国西部地区与中国—中南半岛、衔接"一带一路"南北陆路新通道的关键节点城市，建成面向东盟开放合作新高地。推动进境加工、出口加工"双轮驱动"加快发展，依托口岸优势推动商贸物流、电子商务等口岸服务业做大做强，推动"通道经济"加快向"口岸经济"转型优化升级，实现口岸经济高质量发展。

第三，提升城镇发展质量，提升民生水平，打造高标准国门新城。坚持高起点规划、高标准建设，加强城市设计，完善功能配套，打造优美公共空间，全面改善口岸新区面貌和提升配套公共服务能力。改善民生水平，优先发展教育事业，多渠道筹措资金，新建、迁建和改扩建一批学校。加强医疗卫生服务体系建设，推进创建三级甲等医院，开工建设一批基层医疗卫生机构能力建设项目。

7．河池

1）城市发展综合评价

一是产业转型升级成效显现，总量竞争力有所提升。2018年河池城市综合竞争力排名第14位。2018年河池地区生产总值达到788.30亿元，全区排名第11位，同比增长7%，三产结构为20.41∶31.69∶47.90。工业发展后劲稳步增强，2018年，河池传统有色金属、能源产业、优质饮用水、酿酒产业不断壮大，超威鑫锋公司新型蓄电池（一期）、华远公司年产1.5万t锑品深加工、生富公司年产1.5万t锑金属技改、琦泉生物质发电等一批项目竣工投产；南方公司3万t锡冶炼、誉升公司10万t锌等一批新项目开工建设。浪潮河池云计算中心建设加快推进，完成政务云平台搭建、机房和创客中心建设。以全域旅游为重点的现代服务业蓬勃发展，2018年全市接待游客增长26.7%，旅游总消费增长35.7%，新增4A级景区5个。

二是城市发展质量具有基础，发展动力正在积蓄。河池作为全区经济发展滞后城市，其生活水平并不滞后。2018年，河池市教育支出、社会保障和就业支出、医疗卫生支出分别为67.71亿、42.67亿、41.87亿元，支出总额分别居广西第7位、第6位、第5位，2018年河池市每千人床位数达到5.23张，居全区第5。城乡发展不均衡逐渐改善，城乡人均收入比由2017年的3.15下降到2018年的2.99，但城乡收入差距仍居全区首位，脱贫攻坚仍是未来河池建设发展的重要任务之一。河池虽然据守大西南出海的咽喉之地，但交通条件并不优越。2018年河池交通基础设施建设取得历史性突破，公路项目年度完成投资首次突破100亿元，在建高速公路总里程369km，但2018年河池市公路网密度仍居全区末位。

2）城市竞争力提升战略

第一，紧抓机遇，深入实施交通基础设施建设大会战。紧抓国家和广西新一轮扩投资补短板政策机遇，推进一批公路、铁路、航道建设，谋划高铁、航空、高速综合集疏运体系布局。积极推进河池经柳州至贺州、河池至百色高铁项目前期工作。加快贺州至巴马、融水至河池、乐业至百色（天峨段）、南丹至天峨下老4条高速公路建设；力争贵州平塘经天峨、凤山、巴马至南宁，宜州至忻城高速公路具备开工条件，并早日开工建设；加快贵州荔波经环江至德胜高速公路前期工作。推进龙滩、岩滩升船机和大化船闸按照1000t级标准建设。

第二，打好生态牌、民族牌、长寿牌，打造康养宜居之乡。打造巴马长寿品牌，推进健康管理、智慧养老、护理康复、医疗旅游等服务业发展，树立广西大健康产业品牌标杆。把握国家农村集体土地允许入市的土地政策变化机遇，积极先试先行康养度假地产新模式，不断壮大农村集体经济。把握贵南高铁等交通提升机遇，积极谋划融入贵州、云南旅游辐射圈。

第三，用好丰富的水电资源，率先布局智能电网相关产业。结合水利基础设施新建、扩容、加固建设工作，优先在电网关键节点建设储能设施，布局抽水蓄能电站，并向社会资本开放抽水蓄能电站投资。联合电网公司，从政策和技术层面，积极促进峰谷电价、储能电价加快出台，使储能设施建设能尽快收回投资，增进企业发展储能技术的积极性；引入智能电力相关终端、网络、平台、安全、应用企业（如智能软件配套开发企业），打造智能电力设备制造基地。

五、结语

随着经济全球化和区域一体化的不断深化，在国家关于推动形成优势互补高质量发展的区域经济布局等政策指引下，如何研究、发现并应用经济社会发展规律，发挥广西各地的比较优势，使产业、人口及各类发展要素向优势区域集中，形成分工协作、有序竞争的城镇（群）格局，是提升各城市以及广西整体竞争力的必由之路。

广西城市竞争力研究着重突出三大重点：一是突出将广西置于更大区域中，研究其发展的外部环境，分析城市比较优势，在此基础上提出广西城市总体竞

争力的提升策略；二是着重强化比较优势，通过全区统筹强化分工协作、引导
各城市良性竞争、促进要素合理流动和高效集聚，提出各城市提升竞争力的主
要策略；三是通过城市竞争力评价指标的对比，分析指标、排名变化情况及深
层次原因，进一步优化完善城市竞争力提升策略。

III

广西县域竞争力
研究报告

一、县域竞争力评价：体系和办法

（一）指标体系的设计与选择

县域竞争力是一个综合范畴意义上的概念，包括县域经济、社会、民生和环境等方面。县域竞争力指标的选取应体现县域竞争力的综合性与系统性，应充分体现县域竞争力的内涵和外延，融合科学发展要义。县域竞争力是一个具有复杂系统的有机整体，是由一系列相互联系、相对独立、互为补充的指标所构成的有机整体。县域竞争力指标必须体现这种综合性与系统性，县域各个分类指标之间，要形成有机、有序的联系，从多方面反映县域的综合实力与整体水平。

县域竞争力评价不仅要衡量县域经济发展质量与内涵，更要反映县域的可持续发展能力，因此，选择指标时不仅要考虑县域竞争力的全面性，更要考虑县域竞争力的本质内涵，同时还应注意指标体系的可操作性、可比性，进而构建一套系统完善、科学客观且便于操作的指标体系。广西县域竞争力的指标选择应集中体现以下四个原则：

（1）**全面性**。衡量县域竞争力必须综合考虑各方面的影响因素，县域竞争力是县域内多种因素和各子系统综合作用的结果。每一个指标都应反映出县域的某一层面，这就要求评价体系要尽可能体现综合性和全面性。所建立的指标体系在结构上应包括不同层次，体现出指标体系的内涵。

（2）**可比性**。指标体系的可比性主要包括两方面：一是测评指标体系中应尽量选择可比性较强的相对指标及人均指标；二是指标体系中每一个指标的含义、统计口径和范围、计算方法与获取途径等应尽量一致，使其具有动态可比性和横向可比性。

（3）**独立性**。所选择的各个指标应是相对独立的，从而使每个指标的作用得以充分发挥，但实际上经济社会发展的所有指标都具有一定的相关性，应尽量避免高度相关性指标。同时，指标体系中不应出现同一指标反复使用的情形。换言之，指标之间不应存在严重的多重共线性问题。

（4）**可行性**。评价指标应具有可计量性和可操作性，既要考虑指标体系的完整、科学，又要从实际出发，充分考虑资料获取的可能性，如不可能取得统一、全面的资料，则只能采用相近指标来代替或舍弃。评价指标应尽可能利用现有统计数据和便于收集到的数据，以现有统计制度为基础进行指标筛选。

（二）广西县域竞争力指标体系

县域竞争力反映了一个县域及县域经济发展的水平和层次，其评价结果是对县域经济社会发展的一种综合评价和分析，评价指标体系是由一组相互联系、相互影响的指标组成的统计指标。广西县域竞争力指标体系共包括3个层次：第一层次是目标层，即县域的综合竞争力评价；第二层次是竞争力层，即各类竞争力评价，包含6类竞争力；第三层次是基本要素层，即具体构成要素。具体评价体系见图1。

广西县域竞争力评价体系共包含6类竞争力和35项基本指标。

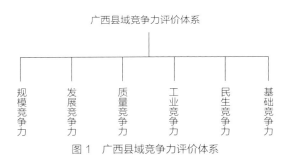

图 1　广西县域竞争力评价体系

1. 规模竞争力

规模竞争力是一种总量性竞争力，体现了一个县域的整体规模和实力状况，是衡量县域竞争力最主要的指标之一，包括：X_1 – 人口、X_2 – 地区生产总值、X_3 – 农林牧渔业产值、X_4 – 社会消费品零售总额、X_5 – 公共财政收入和X_6 – 全社会固定资产投资。

——**年末总人口**。通常是指一定时点、一定地区范围内常住人口的总和。人口规模的大小在某种程度上反映了县域整体规模的大小，客观上也是评价一个县域规模水平的主要标志。

——**地区生产总值**。是指按照市场价格计算一个县域所有常住单位在一定时期内生产活动的最终成果。地区生产总值等于各产业增加值之和，是反映一个县域整体经济实力的重要指标，在县域竞争力评价中有着重要的作用。

——**农林牧渔业产值**。是指以货币表现的农、林、牧、渔业全部产品和对农林牧渔业生产活动进行的各种支持性服务活动的价值总量，反映一定时期内县域农林牧渔业生产总规模和总成果。

——**社会消费品零售总额**。反映各行业通过多种商品流通渠道向居民和社会供应的生活消费品总量，是县域零售市场变动情况、经济景气变化程度、县域消费能力、县域居民生活水平的重要测评指标。

——**公共财政收入**[1]。是衡量县域财力的重要指标。政府在社会经济活动中提供公共物品和服务的范围与数量，在很大程度上取决于公共财政收入的充裕状况。该指标直观地反映了县域经济发展情况，是县域竞争力评价中不容忽视的重要指标。

——**全社会固定资产投资**。是指以货币形式表现的在一定时期内县域全社会建造和购置固定资产的工作量以及与此有关的费用总称，该指标是反映县域固定资产投资规模和发展速度的综合性指标。全社会固定资产投资在整体上反映了建造和购置固定资产的活动，并能进一步调整经济结构和生产力布局，对于未来时期县域经济增量的形成具有重要作用。

1　财政总收入包括财政部门组织的收入、国税组织的收入、地税组织的收入等，是财政大收入的概念。一般预算收入是指地方实际可用财力，扣除了上缴中央部分的税收，比如上缴中央财政 75% 的增值税、上缴中央财政 60% 的所得税等属于财政总收入的盘子，没有计入一般预算收入。一般预算收入包括国税、地税扣除上缴中央财政部分的地方留存部分再加财政部门组织的收入。从客观角度而言，一般预算收入比财政总收入更具比较价值，但考虑到广西县域及县域经济发展的现实水平，评价选择采用公共财政收入作为评价指标。

2. 发展竞争力

发展竞争力是指通过县域经济的主要经济要素指标的增长速度来衡量县域竞争力的强弱，包括：X_7 - 地区生产总值增长速度、X_8 - 工业增加值增长速度、X_9 - 公共财政收入增长速度、X_{10} - 社会消费品零售总额增长速度、X_{11} - 全社会固定资产投资增长速度和 X_{12} - 银行存贷款比例评级。与2012年的评价不同，本年度县域发展竞争力相关指标的报告期采用2011年数据，基期采用2010年数据，增长速度为1年平均增长速度，这对各县域的发展竞争力形成了一定的差异影响。

——**地区生产总值增长速度**。是指县域生产总值报告期的增长量与基期地区生产总值总量之间的增长速度，从增长速度上反映某一时期（或年度之间）县域地区生产总值的发展态势和发展潜力。在县域竞争力评价中可以动态地衡量地区生产总值的发展水平，对县域竞争力评价具有重要作用。

——**工业增加值增长速度**。是指工业增加值报告期的增长量与基期工业增加值总量之间的增长幅度，表示在某一时期（或年度之间）县域工业增长水平和态势，进而分析研究县域工业发展的变化规律。在县域竞争力评价中此指标客观地反映了工业增加值的动态变化程度。

——**公共财政收入增长速度**。是指公共财政报告期的收入增长量与基期公共财政收入总量水平之比。反映在某一时期（或年度之间）县域公共财政收入的变化趋势，用以分析公共财政收入的变化规律。在县域竞争力评价中公共财政收入增长速度是衡量地区政府财力水平动态变化的重要指标。

——**社会消费品零售总额增长速度**。是指社会消费报告期零售总额的增长量与基期社会消费零售总额发展水平之比。反映了社会消费水平的发展趋势，是研究县域居民生活水平、社会零售商品购买力、社会生产、货币流通和物价动态发展变化的重要指标。

——**全社会固定资产投资增长速度**。是指全社会固定资产投资报告期投资增长量与基期投资水平总量之比。客观上反映了建造和购置固定资产活动与调整经济结构和生产力地区分布的动态变化趋势。在县域竞争力评价中全社会固定资产投资增长速度某种意义上对县域经济未来增长具有重要的参考价值。

——**银行存贷款比例评级**。所谓存贷款比例，是指将银行的贷款总额与存款总额进行对比，存贷款比例=（各项贷款总额/各项存款总额）×100%。从银行赢利的角度讲，存贷比越高越好，因为存款是要付息的，即所谓的资金成本，如果一家银行的存款很多，贷款很少，就意味着它成本高，而收入少，银行的赢利能力就较差[2]。县域银行存贷款比例评级是以银行存贷款比例为分析对象，通过专家评分来判断县域经济活跃程度或所面临的风险水平。

3. 质量竞争力

质量竞争力是从人均型指标、单位土地面积产出以及单位能源消耗产出的角度对县域及县域经济发展进行评价，这类指标很大程度上体现了县域经济发展的质量水平和实际绩效，也充分体现了县域经济的可持续发展能力，包括：X_{13} - 人均地区生产总值、X_{14} - 人均公共财政收入、X_{15} - 人均工业增加值、X_{16} - 单位面积地区生产总值、X_{17} - 单位面积粮食产量和X_{18} - 单位用电量地区生产总值。

——**人均地区生产总值**。是指一个县域核算期内（一年）实现的地区生产总值与县域内常住人口（或户籍人口）之比。反映了县域人民生活水平的总体标准，也是了解和把握县域经济运行状况的有效指标。因此，该指标可以直观地反映出县域经济的发展绩效水平。

——**人均公共财政收入**。是指一个县域核算期内（一年）实现的公共财政收入与地区常住人口（或户籍人口）之比。该指标可以反映出某一县域与其他县域之间的富裕程度差异与该县域的经济实力。

——**人均工业增加值**。是指一个县域核算期内（一年）实现的工业增加值与县域内常住人口（或户籍人口）之比。该指标反映了某一县域在一定时期内工业生产和提供服务的人均市场价值，对于比较评价不同县域工业发展水平具有直接作用。

——**单位面积地区生产总值**。是指在单位面积县域内所有常住单位在一定时期内生产活动的最终成果。单位面积地区生产总值反映了县域整体经济发展的质量水平和单位面积经济产出量，在可持续发展和土地资源集约利用的背景下，单位面积地区生产总值对于衡量一个县域的科学发展、可持续发展具有重要的评价意义。

---

2 从银行抵抗风险的角度讲，存贷款比例不宜过高，因为银行还需应对客户日常现金支取和日常结算，这就需要银行留有一定的库存现金存款准备金，如存贷比过高，这部分资金就会不足，会导致银行的支付危机，如支付危机扩散，有可能导致金融危机，对地区或国家经济的危害极大。因此，银行存贷款比例不是越高越好，央行为防止银行过度扩张，目前规定商业银行最高的存贷款比例为75%。

——单位面积粮食产量[3]。是指单位面积内的粮食产量，粮食问题关乎国家及地区发展的生存之本，因此单位面积粮食产量是评价县域农业经济发展的重要指标，是衡量县域农业经济发展质量与可持续性的重要指标。

——单位电力消耗地区生产总值。是指在单位电力消耗范围内县域地区生产总值的整体情况。该指标反映了一个县域对资源的集约利用程度，也是反映县域质量竞争力的重要指标[4]。

4. 工业竞争力

从县域经济的发展规律来看，对于欠发达后发展的广西而言，工业强则县域经济强依然具有较强的代表性。工业的发展和增长对于县域竞争力的影响至为关键，工业竞争力评价指标包括：X_{19} - 工业增加值、X_{20} - 规模以上工业总产值、X_{21} - 人均规模工业总产值（工业生产率）、X_{22} - 规模以上企业平均规模、X_{23} - 主营业务收入占工业总产值比重。

——工业增加值。是指工业企业在报告期内以货币表现的工业生产活动的最终成果，反映出一个县域在一定时期内所生产和提供的全部工业最终产品和服务的市场价值总和，同时也反映了生产单位或部门对地区生产总值的贡献。

——规模以上工业总产值。是指国有企业以及工业产值在2000万元以上的规模工业企业在报告期内以货币表现的工业活动成果[5]。规模以上工业总产值代表了一个县域的整体工业规模发展水平与方向。在县域竞争力评价中，该指标有很强的代表性。

——人均规模工业总产值（工业生产率）。是指单位从业人员的平均工业产值产出，是反映一个县域人均工业生产力水平的综合经济指标，同时也反映了一个县域工业企业的投入—产出水平，是衡量一个县域工业经济发展质量和水

3　粮食产量包括国有农场等全民所有制经营的、集体统一经营的和农民家庭经营的粮食产量，还包括工矿企业家属办的农场和其他生产单位的粮食产量。粮食除包括稻谷、小麦、玉米、高粱、谷子及其他杂粮外，还包括薯类和大豆。其产量计算方法为：豆类除去豆荚后的干豆计算；薯类（包括甘薯和马铃薯，不包括芋头和木薯）1963 年以前每按 4kg 鲜薯折 1kg 粮食计算，从 1964 年以后按 5kg 鲜薯折 1kg 粮食计算。其他粮食一律按脱粒后的原粮计算。

4　电力消费弹性系数也是衡量县域发展质量的重要指标，电力消费弹性系数 = 电力消费量年均增长速度 / 国民经济年均增长速度。

5　2011 年，国家统计局对规模以上工业总产值的统计口径进行了调整，由之前的 500 万元调整为 2000 万元。但规模以上工业总产值具有较大的地方标准差别，广东省以 5000 万元为标准，江苏省、山东省之前以 1500 万元为标准，东北三省、四川省、湖南省之前以 300 万元为标准，广西壮族自治区与江西省、福建省、陕西省之前则以 500 万元为标准，因此，规模以上工业总产值同样并不具有很强的区域对比性，但在同一区域内对于研究县域问题依然具有测评价值。

平的重要指标。

——**规模以上企业平均规模**。规模以上工业企业可分为特大型企业、大型企业、中型企业、小型企业等，以一个县域规模以上工业总产值与规模以上工业企业个数的比值作为衡量标准，该指标是衡量一个县域工业经济发展实力的重要指标。

——**主营业务收入占工业总产值比重**。是指工业主营业务收入与工业总产值的比值，是反映一个县域工业产销状况的基本指标，用于衡量县域工业经济运行的质量状况。该值越高，说明县域工业经济发展态势越好，越低则说明工业经济下行压力较大。

5. 民生竞争力

在全面建成小康社会的背景下，民生建设已经成为我国各地经济社会发展的重中之重，县域经济作为我国宏观经济的微观层面，承担着加快社会主义新农村建设，解决三农问题，实现"倍增计划"目标的重任，直接关系到民生幸福指数的提升。民生竞争力评价指标包括：X_{24}－人均社会消费品零售额、X_{25}－城镇居民人均可支配收入、X_{26}－农村居民人均纯收入、X_{27}－城乡居民收入统筹系数、X_{28}－每万人医院、卫生院床位数、X_{29}－每万人医院、卫生院技术人员数。

——**人均社会消费品零售额**。是指各种经济类型的批发零售贸易业、餐饮业、制造业和其他行业对城乡居民和社会集团的消费品零售额和农民对非农业居民零售额的总和与县域常住人口（或户籍人口）之比。反映一个县域人民群众生活水平尤其是消费水平的高低，也体现了县域民众生活的富裕程度，是研究县域人民生活、社会消费品购买力、货币流通等的重要指标。

——**城镇居民人均可支配收入**。是指城镇居民家庭人均可用于最终消费支出和其他非义务性支出以及储蓄的总和，即居民家庭可以用来自由支配的收入，是家庭总收入扣除缴纳的所得税、个人缴纳的社会保障费以及调查户的记账补贴后的收入。城镇居民人均可支配收入反映了城镇居民的富裕程度。

——**农村居民人均纯收入**。是指农村居民家庭全年总收入中，扣除从事生产和非生产经营费用支出、缴纳税款和上交承包集体任务金额后剩余的，可直接用于进行生产性或非生产性建设投资、生活消费和积蓄的那一部分收入按照农村人口进行平均。农民居民人均纯收入反映了农村居民的富裕程度。

——**城乡居民收入统筹系数**[6]。是指城乡居民收入之间的差距水平，具体等于农村居民人均纯收入与城镇居民人均可支配收入的比例，反映了城市与乡村之间收入的内在协调关系。一般情况下，可以认为城乡居民收入统筹系数越高，则城乡统筹发展水平越高，但这并不代表绝对，一些县域城乡居民收入差距相对较小，是处于一种低位发展水平的统筹。

——**每万人医院、卫生院床位数**。是指每万人所拥有的医院、卫生院床位数量，该指标是用来说明县域医疗资源的情况。医疗资源的富裕程度是关系到民生建设的一个重要方面，因此，该指标在民生竞争力评价中尤为重要。

——**每万人医院、卫生院技术人员数**。是指每万人口中医院、卫生院拥有的技术人员数量。医务人员的素质能力和整体水平关乎县域民生建设的质量水平，该指标是反映一个县域医疗资源情况的重要指标，其高低与否一定程度上体现了一个县域养老水平的高低，在民生竞争力评价中具有重要作用。

6. 基础竞争力

基础竞争力主要从单位与人均的角度来反映地区基础设施水平，基础设施直接关系到县域经济的后劲发展力量。基础竞争力评价指标包括：X_{30}－单位面积公路里程、X_{31}－每万人公共交通拥有量、X_{32}－每万人技术人员数、X_{33}－每万人移动电话用户数、X_{34}－每万人互联网用户数、X_{35}－每万人口中中学生数。由于2013年统计数据来源中去除了高等级公路里程和铁路里程，增加了公交车和出租数、技术人员数，因此，指标X_{31}调整为每万人公共交通拥有量，X_{32}调整为每万人技术人员数。

——**单位面积公路里程**。是指在单位面积下一定时期内实际达到《公路工程技术标准》JTG B01—2014规定的技术等级的公路，并经公路主管部门正式验收交付使用的公路里程数。包括高速公路、国道和省道以及公路通过小城镇（指县城、集镇）街道的公路里程和公路桥梁长度、隧道长度、渡口的宽度以及分期修建的公路已验收交付使用的里程，不包括县城街道、厂矿、林区生产用道和农业生产用道的里程。在基础竞争力评价中该指标反映了县域公路建设的发展规模与发展质量，也反映了县域公路运输网的密集程度。

6　与恩格尔系数不同，城乡居民收入统筹系数反映的是城乡之间的收入与生活差距水平，而恩格尔系数则主要是反映群体内的生活消费支出分布情况。

——每万人公共交通拥有量。在县域发展过程中，公共交通对于偏离中心城镇的乡村发展具有重要作用，同时也是服务民生、方便群众的重要工具。由于县域经济基础、人口规模等不同，因此，报告选择每万人公共交通拥有量作为衡量县域发展基础的指标之一，这里的公共交通包含公交车和出租车两种。

——每万人技术人员数。技术人员是引领县域科技发展、提质增效的重要力量，是县域产业发展壮大的立足之本，也是衡量县域科技发展能力的重要标志。因此，报告选择每万人技术人员数指标作为衡量县域基础发展能力的指标之一。

——每万人移动电话用户数。是指每万人中在一定时期内所使用的移动电话数量，是以价值量形式表现的移动电话为社会提供通信服务的总数量。该指标综合反映了一定时期一个县域移动电话通信的发展成果，是反映一个县域移动通信业务发展规模、水平的重要指标，很大程度上体现了县域信息化发展水平。

——每万人互联网用户数。是指每万人口中办理登记手续且已接入互联网的用户数，包括局域网、城域网和广域网，包括拨号上网用户和专线上网用户。中国互联网络中心将中国网民定义为平均每周使用互联网1h以上的中国公民。该指标反映出县域发展的信息化水平和县域群众掌握信息的程度与范围，潜在地影响着县域经济社会的发展。

——每万人口中中学生数。是指每万人口中接受中等教育的学生数量，年龄一般为11~19岁，我国大陆中学教育由初级中学（初中）和高级中学（高中）组成。该指标反映地区潜在劳动力的人员素质高低，在基础教育方面，构成县域竞争力的重要源泉，从长远来看，一个县域教育水平的高低很大程度上影响乃至决定了未来数十年该县域能否向高素质经济结构转换[7]。

广西县域综合竞争力指标体系如表1所示。

7　从县域教育发展来看，每万人口中中学生数量是一项重要的测评指标，但由于目前县域教育水平普遍发展滞后，县域中大量优质生源转移到中心城市就学，一定程度上影响了评价结果。同时，衡量县域教育水平和劳动力素质的还有一项重要的指标，即新增劳动力受教育年限，但此项指标广西一直缺失，难以进行更为全面的评价。总体来看，培育发展经济强县的过程中，应当高度注重教育强县的培育。

广西县域综合竞争力指标体系 表1

类别	具体指标	单位	序号	代号
规模竞争力	人口	万人	1	G01
	地区生产总值	万元	2	G02
	农林牧渔业产值	万元	3	G03
	社会消费品零售总额	万元	4	G04
	公共财政收入	万元	5	G05
	全社会固定资产投资	万元	6	G06
发展竞争力	地区生产总值增长速度	%	7	F01
	工业增加值增长速度	%	8	F02
	公共财政收入增长速度	%	9	F03
	全社会消费品零售总额增长速度	%	10	F04
	全社会固定资产投资增长速度	%	11	F05
	银行存贷款比例评级	无量纲	12	F06
质量竞争力	人均地区生产总值	元/人	13	Z01
	人均公共财政收入	元/人	14	Z02
	人均工业增加值	元/人	15	Z03
	单位面积地区生产总值	万元/km²	16	Z04
	单位面积粮食产量	t/hm²	17	Z05
	单位电力消耗地区生产总值	元/kWh	18	Z06
工业竞争力	工业增加值	万元	19	I01
	规模以上工业总产值	万元	20	I02
	人均规模工业总产值（工业生产率）	万元/人	21	I03
	规模以上企业平均规模	万元/个	22	I04
	主营业务收入占工业总产值比重	%	23	I05
民生竞争力	人均社会消费品零售额	元/人	24	M01
	城镇居民人均可支配收入	元	25	M02
	农村居民人均纯收入	元	26	M03
	城乡居民收入统筹系数*	无量纲	27	M04
	每万人医院、卫生院床位数	张/万人	28	M05
	每万人医院、卫生院技术人员数	人/万人	29	M06
基础竞争力	单位面积公路里程	Km/km²	30	J01
	每万人公共交通拥有量	%	31	J02
	每万人技术人员数	人/万人	32	J03
	每万人移动电话用户数	户/万人	33	J04
	每万人互联网用户数	户/万人	34	J05
	每万人口中中学生数	人/万人	35	J06

注：*城乡居民收入统筹系数=农村居民人均纯收入/城镇居民人均可支配收入。

（三）广西县域竞争力测评方法

　　本报告对县域竞争力的评价与分析以公开统计数据为基础，重点揭示县域竞争力的发展规律和发展特点，数据资料主要来源于国家统计局2019年公开出版的各种统计资料，包括《中国统计年鉴》《广西统计年鉴》《辽宁统计年鉴》《河北统计年鉴》《山东统计年鉴》《江苏统计年鉴》《浙江统计年鉴》《福建统计年鉴》《广东统计年鉴》等。

　　本蓝皮书采用竞争力指数的评价方法，每个指数数值的范围介于0～100之间，在单项指数中，每一个指数代表一个县域在该领域的水平高低，指数越高则代表一个县域在该领域的竞争力越强。在综合竞争力中，每一个指数值代表一个县域在该年度全面发展竞争力的水平和程度。

　　对县域各项指标进行了无量纲化处理，即将各项指标进行调整后转化成为标准值，使生成的标准值能够更好地反映县域相对竞争优势的强弱。同时，将所有县域竞争力标准值直接进行排序也就具有了科学的比较意义（图2）。

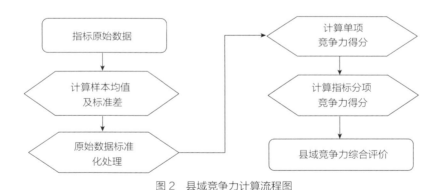

图 2　县域竞争力计算流程图

1. 评价指标的无量纲化

　　对单一客观指标原始数据的无量纲化处理可以采用标准化，评价指标数据的标准化即无量纲化，常用的方法有以下几种。

　　1）标准化变换

$$x_{ij}^{'} = \frac{x_{ij} - \bar{x}_j}{S_j} = \frac{x_{ij} - \bar{x}_j}{\sqrt{\dfrac{1}{n-1}\sum_{j=1}^{n}\left(x_j - \bar{x}_j\right)^2}} \tag{1}$$

式中 x_{ij}——指标值；

$\bar{x}_j$——第 j 个指标的算术平均数；

S_j——第 j 个指标的标准差；

$i=1，2，\cdots\cdots$；

n——样品号；

$j=1，2，\cdots\cdots，m$ 为指标号。

2）极差变换（规格化或正规化变换）

$$x'_{ij} = \frac{x_{ij} - \bar{x}_j}{x_{j\max} - x_{j\min}} \qquad （2）$$

式中 x_{ij}——指标数据；

$x_{j\max}$——第 j 个指标的最大值；

$x_{j\min}$——第 j 个指标的最小值；

$i=1，2，\cdots\cdots$；

n——县域序号；

$j=1，2，\cdots\cdots，m$ 为指标序号。

3）均匀变换

$$x'_{ij} = \frac{x_{ij}}{\bar{x}_j} \qquad （3）$$

广西县域竞争力的原始数据无量纲化选择极差变换，由于参加计算的统计数据非常繁杂，难免会发生个别数据有误，尤其是一些数值的奇异点（奇大或奇小）会严重扭曲测评结果。为了保证测评结果的科学性和合理性，避免受奇异点影响，将极差公式改为：

$$Z = \begin{cases} \dfrac{X}{Max} & X \geqslant 0 \\[2mm] \dfrac{X}{abs(Min)} & X < 0 \end{cases} \qquad （4）$$

式中 Max——该指标数据中的最大值；

Min——该指标数据中的最小值；

X——该指标的具体值；

Z——该指标标准化以后的值。

经过上述标准化处理，原始数据均转换为无量纲化指标测评值，各指标都处于同一个数量级别上（0～1，或0～100等），进而可以开展县域竞争力的综合测评分析。

2. 指标权重的确定

使用标准化处理后的数据进行广西县域竞争力的综合测评，还需要对各参评指标作出较为科学的权重确定，合理反映各个测评指标的影响和作用程度，以便得出科学、合理的综合测评结果。指标权重确定方法主要有两种类型，一种是主观赋权，一种是客观赋权。主观赋权也称德尔菲法（Delphi法），即通过一定方法综合领域内专家对各项指标给出的权重进行赋权；客观赋权法是从原始数据本身出发，经过一定的数学转换取得指标权重的一种赋权方法，如主成分分析法等。广西县域竞争力评价采用专家赋权与客观赋权相结合的方法，为降低主观影响，采用了多轮赋权，并最终确定各子指标和各项竞争力的权重。

二、竞争力评价：专项竞争力与综合竞争力

县域及县域经济发展是广西全面落实"三大定位"新使命和"五个扎实"新要求的基础性、战略性支撑点，在新型工业化、新型城镇化提速发展的同时，县域经济作为广西经济社会发展的重要组成部分，正在进入新的发展阶段，具有很大的发展空间和很强的潜在能量，是广西同步推进工业化、信息化、城镇化和农业现代化的关键所在，也是广西与全国同步建成全面小康社会和建设我国西南中南地区陆海新通道的重要支撑。本部分主要对广西县域及县域经济的规模竞争力、发展竞争力、质量竞争力、工业竞争力、民生竞争力和基础竞争力等六项基本竞争力进行评价，在此基础上进一步形成对广西县域综合竞争力的评价。

（一）专项竞争力

1. 规模竞争力

规模竞争力的评价指标主要包括县域人口、地区生产总值、农林牧渔业产值、社会消费品零售总额、公共财政收入和全社会固定资产投资等规模性指标。综合广西经济社会发展的现状分析，基于上述指标的规模竞争力的评价结果符合广西县域发展的基本现实。

从规模竞争力来看，处于前10位的县域依次为北流市、桂平市、博白县、横县、灵山县、合浦县、宾阳县、平南县、岑溪市和藤县（图3）。总体上，这些县域集中分布在桂东及桂东南地区，其中南宁市2个，玉林市2个，贵港市2个，梧州市2个，钦州市1个，北海市1个。与2017年的评价结果相比，排名有所变动，北流市由第2位上升为第1位，桂平市由第1位下降为第2位，博白县则保持第3位，横县上升为第4位，灵山县由第9位上升为第5位，合浦县进入前十，位于第6位，宾阳县由第8位上升为第7位，平南县由第7位下降为第8位，岑溪市由第6位下降为第9位，藤县保持第10位。

总体来看，广西县域规模竞争力十强县大多为人口大县，如桂平市总人口超过200万（203.42万，出自《2019年广西统计年鉴》，下文同），其余如博白县（190.32万）、灵山县（167.73万）、平南县（153.96万）、北流市（153.64万）、横县（127.46万）、藤县（111.50万）、合浦县（109.54万）、宾阳县（106.06万）均是超百万人口大县，仅岑溪市（96.79万）人口未超过百万，但岑溪市人口规模也接近百万。因此，作为一个县域而言，人口规模以及相应形成的产值规模、消费规模、市场规模等决定了县域经济的总量规模大小，为县域综合竞争力的发展提升奠定了一定的基础，尤其是在高速铁路和高速公路加快建设的背景下，人口大县的区域流动性和枢纽作用将进一步凸显（图4）。

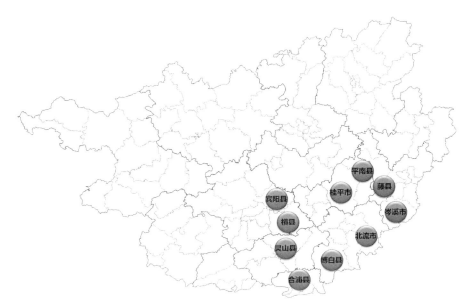

图3　广西县域规模竞争力十强县空间分布示意图

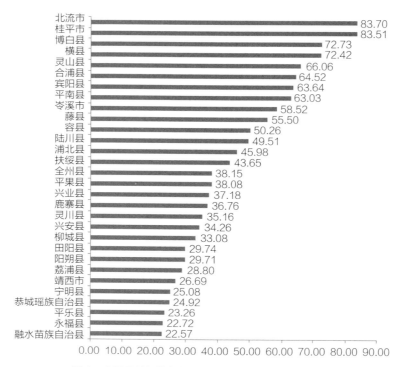

图4　广西县域规模竞争力评价结果及排序（前30名）

从县域规模竞争力的空间分布来看，桂西桂中相对落后地区县域的规模竞争力普遍偏弱，其中在规模竞争力后10位的县域中有8个属于桂西地区，2个属于桂中地区来宾市。西林县、乐业县、凤山县、金秀瑶族自治县、合山市分别居广西县域规模竞争力的后5位，规模竞争力明显偏弱，决定了这些县域的发展方向将必须有别于具有较强规模竞争力的县域，挖掘特色动能、培育特色产业、发展特色经济将是其促进县域经济发展、实现全面小康社会建成目标的关键保障。如作为全区人口规模较小的凭祥市（11.61万）和东兴市（15.38万）在充分发挥区位条件和特色优势的基础上实现了规模竞争力的较大提升，在广西县域中的规模竞争力分别列第41位和第37位。

2. 发展竞争力

发展竞争力的指标评价主要包括县域地区生产总值、工业增加值、公共财政收入、社会消费品零售总额、全社会固定资产投资的增长速度，以及银行存贷款比例评级等发展性指标，其中增长速度采用2016～2018年县域年均增长速度，银行存贷款评价主要体现县域经济发展活力程度，属无量纲指标。

　　从发展竞争力来看，处于前10位的县域依次为金秀瑶族自治县、蒙山县、田阳县、鹿寨县、宁明县、柳城县、融水苗族自治县、阳朔县、环江毛南族自治县和凭祥市（图5）。总体来看，这些县域分散分布于各市，地理上则主要集中于桂北和桂西南地区，其中柳州市3个，崇左市2个，桂林市1个，梧州市1个，来宾市1个，百色市1个，河池市1个。与2017年的评价结果相比，排名变动较大，其中金秀瑶族自治县由第71位上升至第1位，蒙山县由37位上升至第2位，田阳县由第8位上升至第3位，鹿寨县由第26位上升至第4位，宁明县由第45位上升至第5位，柳城县由第39位上升至第6位，融水苗族自治县由第29位上升至第7位，阳朔县由第42位上升至第8位，环江毛南族自治县由第10位上升至第9位，凭祥市由第15位上升至第10位。灵山县、田林县、天峨县、富川瑶族自治县、博白县、巴马瑶族自治县、平南县、桂平市则跌出前10。

　　总体来看，发展竞争力表现较为强劲的县域主要集中于沿江地区（金秀瑶族自治县、蒙山县、田阳县、鹿寨县、宁明县、柳城县、融水苗族自治县、阳朔县、环江毛南族自治县共9个）以及沿边地区（凭祥市、宁明县共2个）。经分析可以看出，发展竞争力得分较好的县域主要得益于工业的发展（柳州市3个县）以及对外贸易（崇左市2个县）。这与国家"打造西南陆海贸易新通道"以及自治区"强龙头、补链条、聚集群"的发展思路密切相关。发展竞争力较为

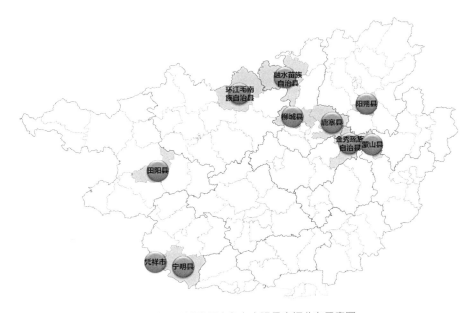

图 5　广西县域发展竞争力十强县空间分布示意图

强劲的县域十强中，各项指标大都处于前列，其中，金秀瑶族自治县的财政收入增速、全社会固定资产投资年均增速分别高达454.82%和45.79%，均排名第1位。环江毛南族自治县地区生产总值增速为15.7%，排名第1位（图6）。

发展竞争力后5位的县域分别为苍梧县、隆安县、上林县、藤县和岑溪市，如岑溪市地区生产总值增速为-5.8%，工业增加值增速为-20.1%，财政收入增速为-86.69%，上林县社会消费品零售总额增速为3.7%，列全区县域最后一位。

3. 质量竞争力

质量竞争力的评价指标主要包括人均地区生产总值、人均公共财政收入、人均工业增加值、单位面积地区生产总值和单位面积粮食产量等人均性、投入—产出型指标。

从质量竞争力来看，处于前10位的县域依次为陆川县、凭祥市、东兴市、田阳县、扶绥县、宾阳县、北流市、平果县、鹿寨县和兴业县（图7）。其中，玉林市3个，崇左市2个，百色市2个，柳州市1个，南宁市1个，防城港市1个。总体呈分散布局，相对集中于桂南地区，东西各有分布。与2017年的评价结

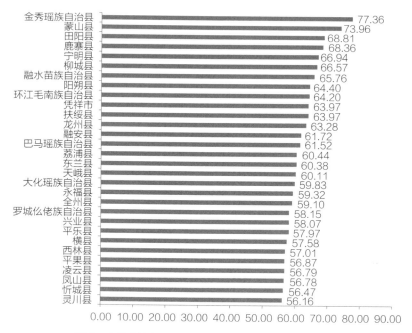

图6　广西县域发展竞争力评价结果及排序（前30名）

图7　广西县域质量竞争力十强县空间分布示意图

果相比，排名有一定幅度的变动，其中陆川县由第4位上升至第1位，凭祥市由第3位上升至第2位，东兴市由第1位下降为第3位，田阳县由第12位上升至第4位，扶绥县由第20位上升至第5位，宾阳县由第30位上升至第6位，北流市由第16位上升至第7位，平果县由第23位上升至第8位，鹿寨县由第34位上升至第9位，兴业县由第19位上升至第10位。同时，荔浦县、兴安县、永福县、天峨县、龙州县、阳朔县则跌出质量竞争力前10位，其中荔浦县由第5位下降至第17位，兴安县由第6位下降至第18位，永福县由第7位下降至第20位，天峨县由第8位下降至第48位，龙州县由第9位下降至第19位，阳朔县由第10位下降至第16位。

　　陆川县的质量竞争力在广西各县域中排名第一，其各项指标排名相对靠前，凭借单位面积地区生产总值第1位、单位面积粮食产量第2位等指标排名，质量竞争力评价分数（60.09）略高于第二名的凭祥市（56.58）（图8）。

　　质量竞争力后5位的县域分别为苍梧县、凤山县、都安瑶族自治县、乐业县和东兰县。总体来看，质量竞争力排名居后的县域主要集中分布在桂西地区，经济总量规模普遍偏小，工业化发展仍处于初期阶段，粮食产量相对较少，是造成质量竞争力偏弱的主要原因。

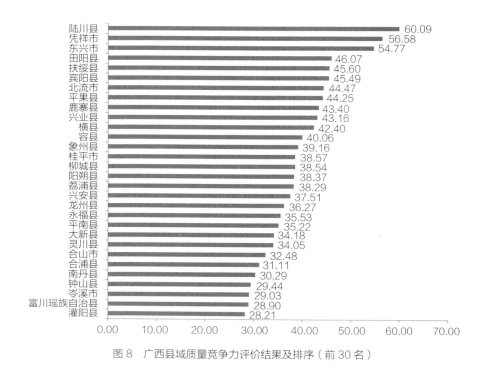

图8　广西县域质量竞争力评价结果及排序（前30名）

4. 工业竞争力

工业竞争力的评价指标主要包括工业增加值、规模以上工业总产值、人均规模工业总产值、规模以上企业平均规模等总量型和质量型指标。

从工业竞争力来看，处于前10位的县域依次为岑溪市、靖西市、平果县、田阳县、桂平市、北流市、南丹县、藤县、陆川县和容县（图9）。其中，玉林市3个，百色市3个，梧州市2个，贵港市1个，河池市一个。总体来看，主要分布于桂东和桂西地区。与2017年的评价结果相比，岑溪市继续保持第1位不变，靖西市由第3位上升至第2位，平果县由第9位上升至第3位，田阳县由第17位上升至第4位，桂平市继续保持第5位不变，北流市继续保持第6位不变，南丹县由第20位上升至第7位，藤县由第7位下降至第8位，陆川县由第8位下降至第9位，容县由第14位上升至第10位。总体来看，县域工业竞争力发展排序是县域竞争力各项指标中表现比较稳定的竞争力板块。

其中，桂平市工业增加值为172.13亿元，居全区县域第1位，岑溪市规模以上工业总产值569.25亿元，居全区县域第1位，靖西市规模以上企业平均规模11923.84万元/个，居全区县域第1位。岑溪市凭借多项指标居于前列，工业竞争力评价分数（67.98）略高于靖西市（67.32）（图10）。

广西县域经济中工业竞争力排名后5位的分别是西林县、三江侗族自治县、东兰县、凤山县和乐业县，从分布来看，这些县域全部分布在桂西资源富集区，其排名偏后的原因是工业发展较为滞后，企业规模较小，龙头带动型企业明显匮乏，如乐业县的工业增加值和规模以上企业平均规模均在各县域中居于最后一位，凤山县的规模以上工业总产值和人均规模工业总产值均在各县域中居于最后一位。

5. 民生竞争力

民生竞争力的评价指标主要包括人均社会消费品零售额、城镇居民人均可支配收入、农村居民人均纯收入、城乡居民收入统筹系数、每万人医院、卫生院床位数和每万人医院、卫生院技术人员数等人均型指标。

从民生竞争力来看，处于前10位的县域依次为兴安县、东兴市、恭城瑶族自治县、永福县、灵川县、田东县、宾阳县、鹿寨县、凭祥市和荔浦县（图11）。其中，桂林市5个，柳州市1个，南宁市1个，百色市1个，崇左市1个，防城港市1个，分布较为集中，但主要集中于桂林市，桂林市数量占前十位县域总数中的一半。与2017年的评价结果相比，民生竞争力变动幅度不大，兴安县

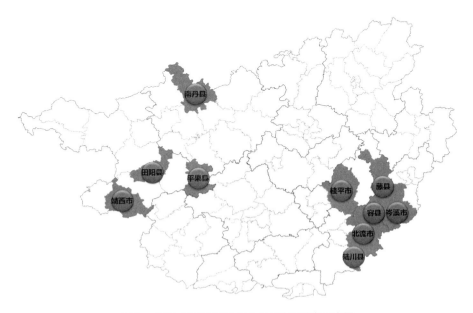

图9 广西县域工业竞争力十强县空间分布示意图

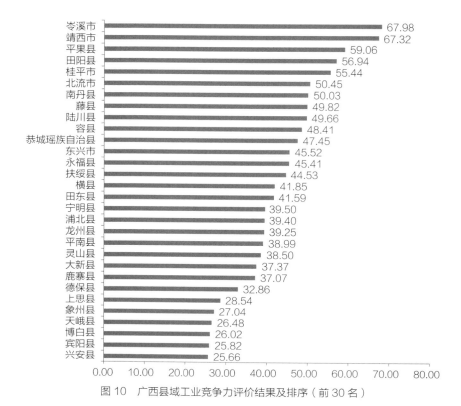

图 10 广西县域工业竞争力评价结果及排序（前 30 名）

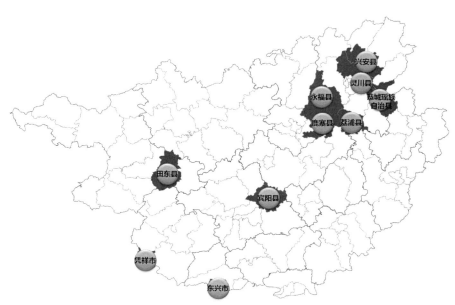

图 11 广西县域民生竞争力十强县空间分布示意图

由第2位上升至第1位，东兴市由第1位下降至第2位，恭城瑶族自治县由第19位上升至第3位，永福县由第9位上升至第4位，灵川县由第4位下降至第5位，田东县由第20位上升至第6位，宾阳县由第16位上升至第7位，鹿寨县由第7位下降至第8位，凭祥市由第6位下降至第9位，荔浦县由第5位下降至第10位。总体上看，民生竞争力排名前10位的县域变化幅度较小，柳城县和宜州市跌出了前10位，恭城瑶族自治县、田东县和宾阳县则跻身前10位。

在民生竞争力排名前10位的县域中，东兴市城镇居民人均可支配收入40363元，农民人均纯收入17937元，均居第一位，兴安县每万人医院、卫生院技术人员74.86人，居于全县域第一位，凭借各项指标居于前列，兴安县民生竞争力评价分数（92.75）略高于东兴市（89.27）（图12）。

广西县域民生竞争力排名后5位的县域分别是凤山县、凌云县、巴马瑶族自治县、都安瑶族自治县和苍梧县，全部集中在沿边沿江地区，受地理条件的影响，个别县域石漠化现象严重，农业生产生活条件差，产业发展较为缓慢，民生设施建设明显滞后，城乡居民收入水平和消费水平明显偏低，经济发展基础

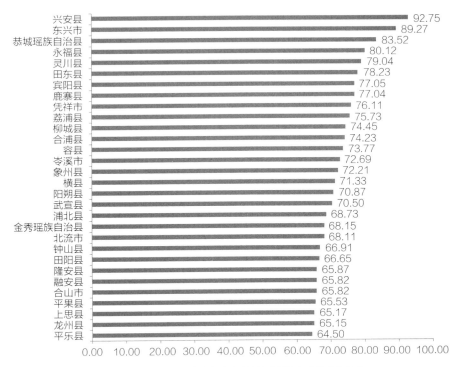

图12　广西县域民生竞争力评价结果及排序（前30名）

较差，居民生活水平较低。如苍梧县每万人医院、卫生院技术人员仅10.75人，居全县域末位。

6．基础竞争力

基础竞争力的评价指标主要包括单位面积公路里程、每万人公共交通拥有量、每万人技术人员数、每万人移动电话用户数、每万人互联网用户数和每万人口中中学生数。

从基础竞争力来看，处于前10位的县域依次为东兴市、宾阳县、横县、天峨县、容县、巴马瑶族自治县、凤山县、岑溪市、凌云县和都安瑶族自治县（图13）。其中，河池市4个，南宁市2个，百色市1个，防城港市1个，玉林市1个，梧州市1个，总体相对集中，但主要集中于河池市，河池市占全县域总数的40%。与2017年的评价结果相比，基础竞争力排名变动较大。其中，东兴市由第2位上升至1位，宾阳县由第46位上升至第2位，横县由第71位上升至第3位，天峨县由第17位上升至第4位，容县由第4位下降至第5位，巴马瑶族自治县由第19位上升至第6位，凤山县由第36位上升至第7位，岑溪市由第41位上升至第8位，凌云县由第15位上升至第9位，都安瑶族自治县由第52位上升至第10位。

广西基础竞争力排名前10位的县域中，东兴市每万人移动电话用户数

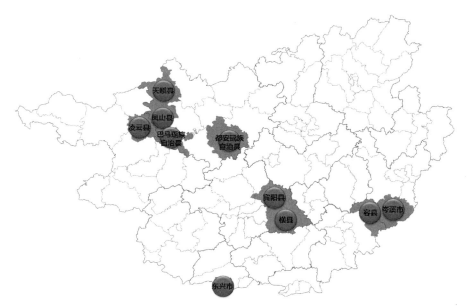

图13　广西县域基础竞争力十强县空间分布示意图

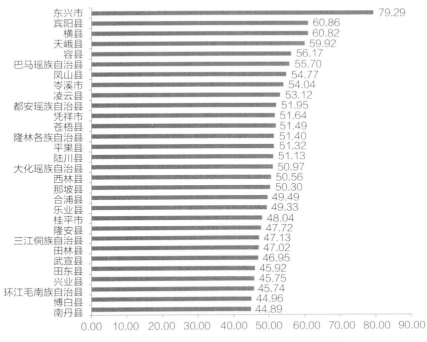

图 14　广西县域基础竞争力评价结果及排序（前 30 名）

（18635户/万人）位居各县域第一，宾阳县每万人互联网用户数（6619户/万人）位居各县域第一（图14）。

　　基础竞争力排名后5名的是天等县、扶绥县、大新县、兴安县和柳城县，其中，柳城县每万人口中中学生数为268人，列全区县域末位。此外，这些县域的交通设施及互联网建设明显滞后，在一定程度上制约了县域经济的发展，加强包括信息基础在内的基础设施建设仍是这些县域未来发展的关键所在。

（二）总体竞争力

　　本部分内容是在前述六个专项竞争力评价结果基础上，对广西县域的综合竞争力所进行的总体评价，旨在通过对县域发展的总体评价，对广西县域的经济发展现状和趋势进行综合阐述。综合竞争力是在规模竞争力、发展竞争力、质量竞争力、工业竞争力、民生竞争力和基础竞争力的评价基础上，进一步对广西县域竞争力进行的综合性评价。广西县域竞争力评价研究持续性开展以来，通过年度性对比分析，可以进一步明确和分析广西县域经济发展的轨迹，理清发展速度较快的县域的发展思路、发展模式、发展路径和发展经验，为带动全区县域经济可持续发展提供重要的参考依据。

从综合竞争力的评价结果来看，处于前10位的县域依次为北流市、桂平市、横县、宾阳县、陆川县、容县、东兴市、平果县、岑溪市和合浦县（图15）。其中，玉林市3个，南宁市2个，贵港市1个，梧州市1个，防城港市1个，北海市1个，百色市1个。从地域分布上来看，除平果县外，基本上分布于桂东南地区。与2017年评价结果相比，北流市由第3位上升至第1位，桂平市保持第2位不变，横县由第10位上升至第3位，宾阳县由第12位上升至第4位，进入前五，陆川县由第6位上升至第5位，容县由第9位上升至第6位，东兴市保持第7位不变，平果县由第20位上升至第8位，进入前十，岑溪市由第4位下降至第9位，合浦县由第18位上升至第10位。综合竞争力排名变动较大，有三个县的名次较多，跌出前十的县为博白县和灵川县。

总体来看，综合竞争力排名前4位的北流市、桂平市、横县和宾阳县的综合竞争力指数均在50以上，对其他县域形成了一定的差距优势，成为广西县域经济发展的领军集团，其中北流市综合竞争力指数高达58.97，桂平市58.85，横

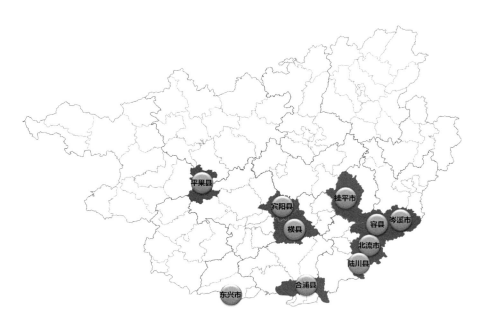

图 15　广西县域综合竞争力十强县空间分布示意图

县58.28，与其他县域，如宾阳县54.21、陆川县52.89拉开一定差距；其他县域的综合竞争力指数均处于50以上，且数值较为接近。除前十强县域外，其他县域的综合竞争力指数均处于50以下，但是彼此之间差距不大，可见广西县域竞争力处于激烈的竞争态势，而且有很多县域得益于自身的政策改革以及对于国家和自治区政策的精确把握而后来居上，可以预见，未来的竞争态势将更为激烈（图16）。

2017年，综合竞争力评价居前10位的县域依次为武鸣县（区）、桂平市、北流市、岑溪市、博白县、陆川县、东兴市、灵川县、容县、横县。在本报告中综合竞争力评价前10位的县域依次为北流市、桂平市、横县、宾阳县、陆川县、容县、东兴市、平果县、岑溪市和合浦县。总体来看，目前广西县域经济发展较为成熟的依然集中在桂东南和沿海沿江地区，其中北流市和桂平市连续位居县域综合竞争力的前3位，横县和容县发展态势良好，综合竞争力显著增强，平果县和合浦县的综合竞争力增强较多，变化非常明显（表2）。

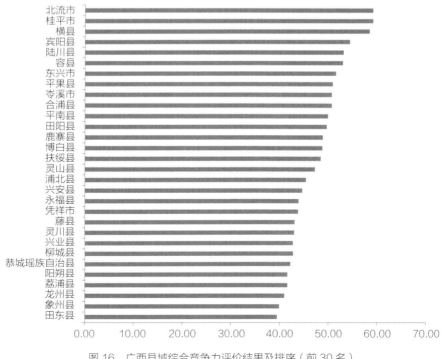

图16 广西县域综合竞争力评价结果及排序（前30名）

广西县域综合竞争力评价前 10 位的县域排名变动　　　　表 2

排名	2017 年 评价结果	2018 年 评价结果	排名变动
1	武鸣县	北流市	↑ 2
2	桂平市	桂平市	-
3	北流市	横县	↑ 7
4	岑溪市	宾阳县	↑ 8
5	博白县	陆川县	↑ 1
6	陆川县	容县	↑ 2
7	东兴市	东兴市	-
8	灵川县	平果县	↑ 12
9	容县	岑溪市	↓ 5
10	横县	合浦县	↑ 8

注：2017年县域竞争力排名以2015年各县域统计数据评价结果为准。

　　处于综合竞争力后10位的县域分别为上林县、天等县、巴马瑶族自治县、都安瑶族自治县、凌云县、罗城仫佬族自治县、东兰县、凤山县、乐业县、苍梧县，这些县域除苍梧县外大都位于桂西资源富集区，主要集中于百色市和河池市，资源优势未能有效转化为经济优势，如何在主体功能区划背景下推进特色产业发展，提升县域内生发展能力将是这些县域的工作重心，如何加快这些县域发展将是全区县域发展，决胜"全面建成小康社会"的重要课题。总体来看，这些县域依然大部分集中于桂西资源富集地区（或是左右江革命老区），属于国家集中连片扶贫开发地区，经济发展比较滞后，资源优势亟待转化为经济优势，在广西与全国同步全面建成小康社会的过程中，这些地区亟需找出一条适合于自身发展的道路。从长期来看，由于地形地貌、交通制约等因素的影响，基于国家和自治区的政策安排，对于上述县域发展的思维和模式必须有根本性的变革（表3）。

广西县域综合竞争力后 10 位县域排名变动　　　　表 3

排名	2017 年 评价结果	2018 年 评价结果	排名变动
62	马山县	上林县	↓ 3
63	金秀瑶族自治县	天等县	↓ 6

续表

排名	2017 年 评价结果	2018 年 评价结果	排名变动
64	三江侗族自治县	巴马瑶族自治县	↓ 5
65	西林县	都安瑶族自治县	↑ 5
66	凤山县	凌云县	↑ 1
67	凌云县	罗城仫佬族自治县	↑ 4
68	乐业县	东兰县	↑ 1
69	东兰县	凤山县	↓ 3
70	都安瑶族自治县	乐业县	↓ 2
71	罗城仫佬族自治县	苍梧县	↓ 11

注：2017年县域竞争力排名以2015年各县域统计数据评价结果为准。

2018年县域竞争力评价指标体系中，规模竞争力的评价指标主要包括县域人口、地区生产总值、农林牧渔业产值等规模性指标，由于县域规模性指标往往取决或决定于县域人口规模和经济规模，因此规模竞争力评价前10位变动不会很大（表4）。在《广西县域竞争力报告（2018）》中北流市规模竞争力仍列第1位。发展竞争力的评价指标主要包括地区生产总值、工业增加值、公共财政收入等指标的增长速度，在县域发展的实际经济活动中，由于个别县域增长速度放缓，甚至稍有回落，而部分县域处于经济高速发展期，发展竞争力评价结果会出现明显的变化，因此，各县域发展竞争力的升降幅度要明显大于其他竞争力。由于受统计指标的影响，工业竞争力和基础竞争力的指标较往年有较大的改动，其中工业竞争力方面，取消了主营业务收入占总产值比重和单位电力消耗工业总产值两个指标；基础竞争力方面，取消了往年所采用的每万人公共交通拥有量和每万人技术人员数。因此，工业竞争力和基础竞争力的计算结果较往年会有一定幅度的变化，但对综合竞争力的影响相对有限。

广西县域竞争力前 10 位县域排名变动　　　表 4

排名	规模竞争力		排名 变动	发展竞争力		排名 变动
	2017 年	2018 年		2017 年	2018 年	
1	桂平市	北流市	↑ 1	灵山县	金秀瑶族自治县	↑ 70
2	北流市	桂平市	↓ 1	田林县	蒙山县	↑ 35
3	博白县	博白县	-	天峨县	田阳县	↑ 5

续表

排名	规模竞争力		排名变动	发展竞争力		排名变动
	2017 年	2018 年		2017 年	2018 年	
4	武鸣县	横县	↑ 1	富川瑶族自治县	鹿寨县	↑ 22
5	横县	灵山县	↑ 4	博白县	宁明县	↑ 40
6	岑溪市	合浦县	↑ 5	巴马瑶族自治县	柳城县	↑ 33
7	平南县	宾阳县	↑ 1	平南县	融水苗族自治县	↑ 22
8	宾阳县	平南县	↓ 1	田阳县	阳朔县	↑ 34
9	灵山县	岑溪市	↓ 3	桂平市	环江毛南族自治县	↑ 1
10	藤县	藤县	–	环江毛南族自治县	凭祥市	↑ 5

排名	质量竞争力		排名变动	工业竞争力		排名变动
	2017 年	2018 年		2017 年	2018 年	
1	东兴市	陆川县	↑ 3	岑溪市	岑溪市	–
2	武鸣县	凭祥市	↑ 1	灵川县	靖西市	↑ 1
3	凭祥市	东兴市	↓ 2	靖西市	平果县	↑ 6
4	陆川县	田阳县	↑ 8	武鸣县	田阳县	↑ 13
5	荔浦县	扶绥县	↑ 15	桂平市	桂平市	–
6	兴安县	宾阳县	↑ 24	北流市	北流市	–
7	永福县	北流市	↑ 9	藤县	南丹县	↑ 13
8	天峨县	平果县	↑ 15	陆川县	藤县	↓ 1
9	龙州县	鹿寨县	↑ 25	平果县	陆川县	↓ 1
10	阳朔县	兴业县	↑ 9	田东县	容县	↑ 4

排名	民生竞争力		排名变动	基础竞争力		排名变动
	2017 年	2018 年		2017 年	2018 年	
1	东兴市	兴安县	↑ 1	桂平市	东兴市	↑ 1
2	兴安县	东兴市	↓ 1	东兴市	宾阳县	↑ 44
3	武鸣县	恭城瑶族自治县	↑ 16	凭祥市	横县	↑ 68
4	灵川县	永福县	↑ 5	容县	天峨县	↑ 13
5	荔浦县	灵川县	↓ 1	陆川县	容县	↓ 1
6	凭祥市	田东县	↑ 14	武宣县	巴马瑶族自治县	↑ 13
7	鹿寨县	宾阳县	↑ 9	武鸣县	凤山县	↑ 29

排名	民生竞争力		排名变动	基础竞争力		排名变动
	2017 年	2018 年		2017 年	2018 年	
8	柳城县	鹿寨县	↓ 1	博白县	岑溪市	↑ 33
9	永福县	凭祥市	↓ 1	合浦县	凌云县	↑ 6
10	宜州市	荔浦县	↑ 2	平果县	都安瑶族自治县	↑ 42

注：此表为2017年与2018年的评价结果排名，不代表当年的实际情况。

由于发展竞争力和基础竞争力的指标有所调整，在这两项指标的评价中排名变动较大，发展竞争力历年的排名变动都较大，这个与县域层面项目建设、基础投入、财政收入都有较大关系，尤其是对于一些基础相对较弱的县域，容易产生发展竞争力上的大幅波动，但即便是一些综合实力较强的县域也会出现发展竞争力上的较大幅度的波动，这与县域层面的投资规模和财政规模直接相关。基础竞争力的表现也存在相当程度的波动，一方面与统计指标变更有关系，另一方面则是与县域的基础设施建设发展息息相关，我们所强调的是县域发展的基础支撑力。

三、新时代提升县域竞争力：路径和建议

县域经济是县级行政区划范围内的区域经济，是城镇经济与农村经济的结合体，是国民经济的基本单元。广西县域面积大、县域人口多，县域经济在全区经济社会发展中占有举足轻重的地位。在中国特色社会主义新时代，推动县域经济高质量发展，不仅是适应我国社会主要矛盾变化、实现城乡区域协调发展的必然要求，也是广西深度融入粤港澳大湾区发展、补齐区域发展短板、促进经济发展的现实需要。

（一）县域发展面临的新态势

1. 脱贫攻坚进入新阶段

广西是全国脱贫攻坚的主战场之一。为确保坚决打赢脱贫攻坚战，与全国同步全面建成小康社会，推动脱贫攻坚工作更加有效开展，广西于2018年10月

24日制定《中共广西壮族自治区委员会广西壮族自治区人民政府关于打赢脱贫攻坚战三年行动的实施意见》，决胜绝对贫困、决胜全面小康的冲刺阶段，确保坚决打赢脱贫这场对如期全面建成小康社会、实现第一个百年奋斗目标具有决定性意义的攻坚战。

2017年年底，广西壮族自治区有建档立卡贫困人口267万人、贫困村3001个、贫困县43个未脱贫摘帽。2018年，广西坚持精准扶贫、精准脱贫基本方略，坚持现行扶贫标准，把脱贫质量放在首位，实现116万建档立卡贫困人口脱贫、1452个贫困村出列，龙胜、资源、田阳、田东、西林、富川、金秀、宁明、大新、苍梧、平果、金城江、天峨、武宣等14个贫困县各项指标均达标，实现贫困县摘帽。

广西一些县域的脱贫攻坚工作卓有成效，总结主要有以下几方面经验，对于脱贫攻坚新阶段的工作具有重要的指导意义。一是全力攻坚深度贫困地区，成立自治区深度贫困地区脱贫攻坚办公室，向深度贫困地区选派干部、科技特派员（技术人员）等，筹措安排深度贫困地区财政专项扶贫资金进行扶贫支持，支持贫困地区特色产业发展，产业带动贫困人口脱贫。准确定位各县贫困程度，给予贫困程度基于相应强度的扶持力度。二是实现贫困人口"两不愁三保障"，实施教育扶贫八大帮扶计划，狠抓控辍保学工作，落实县级"双线四包"责任，基本医疗保障政策、住房安全保障政策得到进一步落实。三是着力打好"五场硬仗"，即打好产业扶贫、易地扶贫搬迁、村集体经济发展、基础设施建设、粤桂扶贫协作"五场硬仗"，深化"携手奔小康"行动，建立"县县、乡乡、村村、村企"粤桂结对帮扶模式。四是做实扶贫基础和精准帮扶工作，加强动态管理和脱贫"双认定"，以村为单位开展贫困户、脱贫户和帮扶联系人"三方"见面活动，由脱贫户介绍脱贫经验、体会，增强脱贫的主动性，加强党建促脱贫工作，全面推行农村基层党组织"星级化"管理。

此外，在脱贫攻坚过程中也存在一些问题亟需解决。一是完善基础设施建设，打通乡镇与村、村与村之间的断头路和瓶颈路，提高村屯道路硬化率，加强水利建设，实施农村饮水安全巩固提升工程，实施农网改造升级、信息网络基础设施建设和贫困户危旧房改造工程，深入推进改水、改厕、改灶、改圈，实现农村环境整治新提升。二是找准产业特色，精准识别贫困县的基础资源条件，在充分认识县域结构的基础上，找出适合县域脱贫的正确路径和突破口，凸显县域发展的特色。应进一步开拓思路，创新产业扶贫方式，探索发展农村电商等新兴产业，整合各类涉农资金和扶贫政策，建立产业发展与贫困户增收脱贫联动机制。三是促进县域竞争合作，合作上以先发展带动后发展，促进县域之间技术交流、资源共享和产业协作，竞争上鼓励各县域制定自治区范围内赶超县域目标，以竞争促学习，以赶超促发展。

2. 产业东融开启新篇章

随着粤港澳大湾区上升为国家战略，"东融"战略被提升到一个新的高度，具有了更重要的现实意义。产业"东融"——承接对接大湾区产业转移，便是对"发挥优势、突出特色、全力东融、加快发展"的贯彻落实。产业东融的提出与实践，给县域经济的发展带来了一股新的力量。从之前县域专项竞争力的指标分析中可以看出，综合竞争力指标分数较高的县域大都位于桂东南与广东交界的地方，广东省作为经济大省，对于县域经济的带动起着重要作用。在产业东融中，最重要的是紧紧把握机会，将东融往各县域拓展，在粤港澳大湾区积极发展的过程中，对于广西各县域的发展起到推动作用。

一是大胆进行制度创新，大力推进政策同轨。对照和修正广西的地方政策，加快改革滞后的地方法规和规章。努力营造有利于产业发展的营商环境，包括打造与粤港澳接轨的国际化营商环境，挖掘西部陆海大通道的物流优势，规划好北部湾城市群产业发展战略，使之与大湾区相关城市群分工明确、功能互补。与粤港澳政府合作培养广西干部，建立广西各级优秀干部到粤港澳挂职锻炼与交流学习的常规机制，提升干部队伍整体水平，提高制度创新和政策执行力。

二是共建园区充分融合，加快承接产业转移。鼓励各市在县域与广东省就转移产业共建产业园区，产业园的定位要准确，并充分融合县域优势，有序承接对接大湾区产业转移，围绕大湾区创新优势打造研发转化和加工配套基地，形成特色鲜明、规模集聚、配套完善的产业集群。积极承接粤港澳日用化工、日用不锈钢制品、五金水暖、纺织服装、皮革玩具、照明电器、钟表电池、家具家装建材等轻工业全产业链。重视承接外来加工贸易、汽车零部件制造及整车装配、中药加工、装备制造业等产业链合理分工，引进和培育电子信息、人工智能、无人机、生物医药和新能源等新兴产业。大力支持大湾区城市在广西各地发展"飞地经济"，推动不同行业、不同规模的企业加强合作，由龙头企业牵头，设立生产基地、建设园区等，形成以大带小、产业配套的格局。进一步发挥广西沿边产业园区劳动力及土地成本较低的优势，在有效管控的前提下，用活用好广西出台的中越跨境劳务合作试点政策，为广西承接对接大湾区产业转移提供低成本用工保障。

3. 文旅融合激发新动能

文化是旅游的灵魂，旅游是文化的载体。推动文化与旅游深度融合，是深化文化旅游供给侧结构性改革、催生文化旅游新产品新业态的必然要求，也是更好满足人民美好生活新期待的现实举措。习近平总书记指出，旅游是综合性产业，是拉动经济发展的重要动力。随着经济社会的发展和人民生活水平的提高，旅游已成为人民群众日常生活的重要组成部分，旅游业对经济增长、转型升级、民生改善的贡献不断凸显。旅游业作为绿色产业、朝阳产业和富民产业，越来越受到世界各国、各地区的重视，日益成为战略性支柱产业。

大力发展旅游业符合广西区情、富有广西特色、具有极大发展潜力，既是稳增长、调结构、转方式、惠民生的重要支撑，也是促进一、二、三产融合发展、培育壮大发展新动能的重要抓手。然而，也要清醒地看到，对照打造世界一流国际旅游胜地目标，对标先进发达地区，我区旅游业无论是数量上还是质量上，都还有较大差距，主要表现在产品开发与丰富的资源禀赋不相匹配、综合效益与旺盛的市场需求不相匹配、企业实力与广阔的市场空间不相匹配、公共服务供给与品质化发展趋势不相匹配等"四个不相匹配"上，文化旅游带动能力弱、综合效益低、竞争力不强等问题仍比较突出。

进入新时代，文化旅游融合发展成为大趋势，也契合了人民群众消费升级、生活品质提高的新趋势，文化旅游需求呈现出爆发式增长态势，文化旅游产业迎来了黄金发展期，机遇难得、时不我待。因此，县域要充分认识文化旅游产业对推进经济高质量发展的重大意义、重要作用，全力以赴强龙头、促融合、创精品、优环境、增活力、拓市场，积极培育文化旅游新业态，加快构建本域旅游发展新格局，壮大文化旅游市场主体，加强文化旅游整体营销，不断提高服务质量和提升文化旅游竞争力，努力为经济稳增长和迈向高质量发展释放更多新动能、提供更有力支撑。

4. 对外开放迈上新台阶

2018年，广西沿边金融改革试验区建设通过国家验收，形成12条可复制推广的创新经验，着力构建"南向、北联、东融、西合"开放发展新格局，西部陆海新通道建设上升为国家战略，海铁联运班列连通西部六省市，全年双向开行1154列，实现与中欧班列无缝链接，获批建设面向东盟的金融开放门户，担负起为国家全面深化金融改革开放探索经验的新重任。此外，还成功举办了第15届中国-东盟博览会、中国-东盟商务与投资峰会，获批建设北海国家海洋经济发展示范区、防城港边境旅游试验区等，这一切都给广西的县域发展带来了新的历史机遇。

新常态下县域经济发展面临的压力加大。县域经济面临着沿海发达地区创新驱动、转型发展，抢占制高点，中西部省份竞相发展的局面。在经济发展进入新常态的背景下，广西县域必须进一步加快开放发展步伐，着力提升开放发展质量，始终坚持开放带动战略。

一是做好特色产业发展，促进县域贸易外向发展。贸易的基础是产业，产业兴则贸易兴，产业强则贸易强。目前，广西各县域的基础条件属于气候相近、区位相连、资源相近，产业同质化竞争严重，造成各县特色产业不突出，品牌建设能力不强，而没有特色的产业则无法在国际市场上占有一席之地。基于此，考虑广西的县域更应该充分发挥文化、资源、气候优势，着力发展特色文化产业、特色旅游业、特色农产品加工业等。在全面建成小康社会和实施精准扶贫的背景下，要结合目前推进中的两广扶贫协作工作，推进县域特色产业发展，提升特色产业发展水平和发展质量，带动农民普遍增收，实现贫困地区收入水平的可持续增长。

二是着力发挥沿边优势，加快推进外贸优化升级。受益于中国—东盟自贸区建设、沿边开放开发等一系列国家政策红利，地处中越边境的广西致力于打造面向东盟的合作开放新高地，逐渐发展成为我国边境贸易重要省区。在对外开放新的形势下，广西县域应立足产业优势，深入开展桂粤合作驻点大招商、赴江浙沪对接洽谈、桂台经贸文化合作等精准招商活动，实施更加积极主动地开放带动战略，积极融入"一带一路"建设，推进外贸供给侧结构性改革，提高传统优势产品竞争力。

三是开发生态自然资源，培育发展旅游业新业态。2017年4月，习近平到广西考察指出，广西生态优势金不换，要坚持把节约优先、保护优先、自然恢复作为基本方针，把人与自然和谐相处作为基本目标，使八桂大地青山常在、绿水长流、空气常新，让良好生态环境成为人民生活质量的增长点、成为展现美丽形象的发力点。"山清水秀、天蓝水净"是县域最大的生态优势，原始生态和富集的自然资源适宜开发休闲旅游产业。县域要努力打造都市休闲游、田园风光游、山水自然游等三大旅游业态，积极开发与挖掘旅游潜力，完善旅游基础设施，提高旅游接待能力，增强旅游业的辐射力和吸引力，满足都市人群的生态旅游和休闲度假的需求，将生态和自然资源转换为生产力。在旅游发展策略上，要立足不同功能定位，错位开发旅游产品，精心设计旅游产品及其线路。加快旅游品牌的策划和推广，重点打造知名旅游名片，积极瞄准目标市场，定点投放广告，充分发挥互联网技术的支撑作用，打造"互联网＋旅游业"模式，运用互联网平台进行品牌推广，积极利用现代信息技术和网络平台，如在携程网、美团网、大众点评网等网络平台上进行旅游营销推广，提高旅游品牌的知名度。

（二）提升县域竞争力的四大路径

1. 路径一：坚持促进三产联动

新时代中国处于新一代信息技术革命浪潮中，后工业化阶段与工业化中期阶段并存，这就要求县域发展经济必须认清当前的形势，扬长避短，以寻求自身经济的良性发展。广西正处于工业化中期阶段，但由于过早地卷入后工业化阶段，并且处于信息技术高速发展的过程中，所以这就要求县域发展必须坚持促进三产联动，一方面竭尽全力发展工业，另一方面又要跟上步伐努力发展服务业，在此基础上亦不能忽视农业的发展。

农业是县域经济发展的重要支柱产业，农业生产效率是决定县域经济发展水平的关键。县域要结合县情，发挥资源禀赋优势，遵循"立足资源比较优势，做大做强特色生态农业"原则，强化农业与其他产业的融合度，培育新型农业主体，重点打造现代农业的发展模式。一是依托高效现代农业项目建设，推进休闲农业与旅游业深度融合，打造旅游休闲农业；二是加强信息基础设施建设，提高农业信息化水平，打造生态信息农业；三是加大品牌宣传力度，树立高端品牌形象，打造特色品牌农业；四是抢抓国家"互联网＋"战略，建立健全农村物流体系，开发农业特色产品，大力发展和布局农村电商。

2. 路径二：坚持人才引进政策

人才是县域经济发展的主导力量，当下人口流动的趋势是大城市人才集聚，小城市人才流失。县域经济得不到强有力的发展，主要原因之一便是县域人才的流失。县级城市要结合自身实际，勇于参与"人才争夺战"，既要呼唤更多老乡回来，聚集一批本土能人回乡就业创业，更要吸引更多人才进来，鼓励引导优秀人才往县城聚集，融入县域"大家庭"，为县域经济发展作出贡献。

一是高位引导优质人才向县域流动。根据县域发展实际，出台更具激励性的鼓励大学毕业生、专业型人才、复合型人才到县一级城市择业就业、创新创业的若干政策，同步为县级城市提供制定吸引人才、服务人才相关政策的基本框架，拉通一条县级城市的"人才专线"，推动县级城市更好地承接农村劳动力的转移和外来人才就业创业，提升县级城市综合竞争力，为实施乡村振兴战略装上"智慧导航"。

二是县级城市要有独具特色的引才引智之路。未来的"人才争夺战"将会更为激烈，留住了本土能人、引进了外来人才，就是提升了竞争力、增添了原动力，县级城市亟须主动出招、破题起势，走出一条独具特色的引才引智之路。这就要求县级城市必须出台更优惠的人才政策，加大对人才的吸引，提供更广的创业平台，让人才在本县的舞台上能放手干。同时，这也要求县级城市必须重视基础设施和交通规划的建设，提供方便的生活和便利的交通。

3. 路径三：坚持金融财政改革

金融是县域经济发展中最活跃的因素，财政是政府履行职能的重要物质基础、政策工具、体制保证和管理手段，对县域经济的发展具有重要的支撑和保障作用。在积极应对县域经济转型升级、持续跨越发展的前提下，如何充分调动和发挥金融在促进县域经济发展中的作用，是当前保持县域经济平稳较快发展亟需研究和解决的重要课题，如何处理好县域经济发展过程中的财政问题，是促进县域经济持续、健康发展面临的重要任务。

必须坚持金融与县域经济良性互动发展，促进金融全面参与县域经济要素分配，充分发挥金融优化配置资源的作用，更好地服务县域经济发展，形成县域财政政策、产业政策、投资政策、消费政策、价格政策协调配合的政策体系，充分发挥金融助推县域经济的作用，突出金融支持城镇化统筹的先导作用、支持经济园区的平台载体作用、支持特色产业的带动发展作用以及支持发展环境保护产业的作用。

必须坚持财政对县域经济的促进作用。建立县级基本财力保障机制，增强基层政府提供公共服务的能力，提高县级政府的财力保障水平。建立促进县域财政收入增长的激励机制，激发了县级政府做大财政收入蛋糕的积极性，促进县域财政收入持续较快增长。加大对贫困县域的支持力度，在广泛筹措资金的基础上，充分发挥财政职能作用，突出资金使用重点，着力加强贫困地区基础设施建设和优势特色产业发展，努力实现"造血式"扶贫，切实提高财政扶贫资金效益。

4. 路径四：坚持生产服务智能化

推进三次产业与互联网结合，坚持三次产业智能化，加强生产服务智能化发展，促进互联网信息技术与实体经济深度融合，是培育县域经济新的增长点，打造县域经济新动力，提升县域竞争力的重大举措。县域经济在我国基层政权建设、社会繁荣稳定、扶贫攻坚和治理污染绿色发展中都具有不可替代的重要作用。发展县域经济可以较好地带动乡村经济的发展，促进乡村经济向现代化转型。加快发展县域经济是提高我国综合国力的必由之路。

一方面，必须坚持生产服务智能化。生产服务智能化对县域产生的作用，大致有两个方面，一是重构县域产业生态，二是产业的智能化。在国家的数字经济大战略环境下，县域经济生产服务的智能化，定将会让每个县域的特色产业成为中国供给侧改革和产业振兴的真正抓手和推动力。

另一方面，坚持县域智慧城市建设。新型智慧城市建设涵盖技术创新、应用普及、基础设施建设、体制机制创新，是我国实施创新驱动发展战略的重要载体。其基础在县域，活力在县域，难点也在县域。县域智慧城市建设要以城市智能化综合管理和应用服务作为切入口，以县域特色产业优化提升作为突破口，以信息综合基础设施建设和覆盖作为着力点，从而释放县域发展潜力。

（三）提升县域竞争力的五大建议

1. 把握新时代县域经济发展机遇

当前我国经济呈现速度变化、结构优化、动力转换三大特点，要正确理解新常态内涵，重点把握经济发展阶段变化给县域经济带来的机遇与挑战。积极调整过去陈旧的发展理念和发展思路，建立与新常态相适应的发展机制，从注重经济发展速度、单纯追求GDP政绩转变到以提高经济发展质量和效益为中心，树立追求产业、环保、民生等领域协调发展的多元化目标。以"十三五"规划的"创新、协调、绿色、开放、共享"五大发展理念为引领，结合西部县域的生态、自然、旅游等资源禀赋，顺势而为，主动转变经济增长方式，树立新思维，大力推进产业发展、城乡建设、对外开放等，促进县域经济发展。

一是承接区域产业转移，增强县域发展动力。在过去几十年的高速发展中，我国已经形成了非常明显的区域发展差距，即东部地区先于中西部地区进入了工业化后期甚至是后工业化时期。随着促进产业转移的政策文件的相继出台，东部地区产业向中西部地区转移已经形成了一定规模。在新一轮国际国内产业转移的浪潮中，县域经济可以通过承接产业转移带动工业实现跨越发展。在西方发达国家兴起"再工业化"浪潮的背景下，承接国内外区域产业转移将成为县域经济腾飞的重要助力。

二是推进新型城镇化，释放县域发展新动能。城镇化是国家现代化的必由之路，是保持经济持续健康发展的重大引擎，是加快产业结构转型升级的重要抓手，是解决农业、农村、农民问题的重要途径，是推进区域协调发展的有力支撑，是促进社会全面进步的必然要求。新型城镇化以城乡统筹、城乡一体为基本特征，大中小城市、小城镇、新型农村社区协调发展、有机联动。新型城镇化着眼于以工促农、以城带乡，提高农业现代化水平和人民生活水平，实现城乡基础设施一体化和公共服务均等化。对于县域经济而言，县域经济城镇化水平相对较低，在推进城镇化方面还有非常大的潜力，推动新型城镇化建设无疑是促进县域经济社会发展的重要动力和发展机遇。

三是推进金融财税制度改革，激发县域发展活力。不断推进的金融财政体制改革为县域经济发展提供了契机。十八届三中全会提出要"建立事权和支出责任相适应的制度"，"十九大"报告进一步指出"加快建立现代财政制度，建立权责清晰、财力协调、区域均衡的中央和地方财政关系"。中央地方事权和支出责任合理划分，明确了县级政权支出边界和支出责任，必将促进县域经济的健康发展。而转移支付制度改革、营改增和资源税等税收制度改革推动构建县级财力保障机制，增强了县域经济发展能力。同时，近年来中央和各地方出台了一系列引导金融机构加大对"三农"、小微企业、战略性新兴产业支持力度的政策文件，鼓励各地探索健全县域金融体系、发展适合县域的地方性金融机构，缓解了县域经济发展面临的资金约束，增强了县域经济发展的内在动力。

2．多向推进县域经济高质量发展

县域经济若要实现高质量发展，必须创新经济发展模式。要以互联网大数据等现代信息技术为依托，实现与工业和服务业的深度融合。这既有助于推进县域产业融合发展，实现新产业集聚，也是推进县域经济向高质量发展阶段转变的必然要求。多向发展"互联网＋农业""互联网＋工业"以及"互联网＋服务业"，创新县域经济发展新模式，构建高效、智能、便捷的县域经济发展新格局。这既有助于满足县域居民对美好生活的需要，也有助于推进城乡要素的自由平等流动，从而加快城乡融合发展。

一是壮大县域民营经济实力。县域政府部门加强对民营经济发展的支持力度，营造县域民营经济发展的优良环境，积极推进招商引资工作。加快民营经济产业化和规模化发展，打造县域特色民营经济品牌，吸引更多的资金、人才和技术等要素投入，做好产业链流通环节的衔接和疏通，助推县域经济向高质量发展转变。

二是发展县域特色产业。立足县域农业资源，培育资源优势，实现特色农业资源优势向产品优势和经济优势转变，壮大农业经济实力，为县域经济发展提供优质农产品。通过特色农业产业园区建设，进一步整合县域农业资源，提升农业发展质量和效益。发展县域特色工业，因地制宜地发展农产品加工业、林产品加工业、特色工业园区等县域特色产业，通过农业和工业融合发展进一步增强县域工业实力。发展县域特色旅游业，结合县域旅游资源优势，培育和发展县域特色旅游，通过特色旅游业的发展带动县域经济的转型升级，打造县域精品特色旅游产品和旅游项目，吸引域外游客前来旅游消费，进而拉动县域经济发展。

三是构建县域特色产业体系。积极推进县域农工商一体化以及三次产业融合发展，打通县域生产、加工、流通、营销渠道，推进县域产业链条式联动协同发展，进而为实现县域经济高质量发展提供动力支撑。

3. 深化改革，扫清体制机制性障碍

在我国经济进入新常态阶段、经济增长速度不断下滑、高速发展时期所积累的经济社会矛盾日益凸显的背景下，国家提出了全面深化改革的战略部署，又在"十九大"报告中明确指出要"决胜全面建成小康社会，开启全面建设社会主义现代化国家新征程"，这为县域经济发展提供了新的机遇。县域经济要顺应全面深化改革的战略部署和"十九大"报告的政策要求，抓住全面深化改革的机遇，创造县域经济发展的宽松环境，以改革创新为动力，通过深化政府机构改革，转变政府职能，消除体制机制障碍。

一是推进政府简政放权，实施权力负面清单制度，深化行政审批制度改革，实施商事登记制度改革，提高行政服务效能，为县域经济发展创造良好外部环境。赋予县级政府更多诸如自主招商、自我改革的权力，完成从"被动输血"向"自我造血"的转变。县域主体加强各级部门的联动，确保政府办事效率，提高政府服务标准。

二是扩大市场机制，增强县域经济活力，降低民间资本准入门槛，加强政策引导和提升政府的服务意识，改善民营经济发展环境，并以"大众创新、万众创业"精神号召和鼓励民间资本投资兴业，营造浓郁的创业氛围。

三是改革农村土地制度，推进农村土地承包经营权确权登记工作和宅基地制度改革试点，盘活农村资源。

4. 提高资源空间配置效率

经济新常态下，提高资源的空间配置效率也是提高生产力和经济效益的重要途径。广西所处地区大都山多地少，土地资源稀缺。因此，优化人口、产业、经济资源的空间布局十分必要。县域应充分考虑自身条件，重点布局以县城、中心镇为主要空间载体的城镇体系，形成人口、产业和资源的高效集中，构建与经济社会发展相一致、相协调的城镇体系。人口、产业和资源的集中，一方面有利于基础设施、公共资源的合理配置，提高资源配置的效率，降低资源配置成本；另一方面也有利于形成本地市场效应和集聚经济，降低交易成本，提高经济效益，促进经济社会发展，同时能够提高空间的利用效率，减少土地资源的浪费。

一是以"互联网＋"为驱动提升县域经济资源配置效率。利用现代通信技术突破经济原有范式，推动跨界融合和行业协同，推动产业转型升级，不断创造出新产品、新模式和新业态，构建连接一切的新生态。构建农业大数据，促进标准化生产与管理，发展农村电子商务，实现供需有效对接，加强两化融合，促进新型工业化。

二是健全城乡融合发展机制。创新城乡要素资源合理流动机制，加快推进城乡之间人才、技术、资金等要素资源的自由平等流动，为实现城乡融合发展奠定基础。

三是创新城乡基本公共服务供给机制。一方面，创新农村社区管理服务机制，打造新型农村社区，为农村居民提供丰富而实用的便民服务。另一方面，创新农村社会事业服务机制，积极发展和引进教育产业、医疗产业以及环保产业等产业部门，兼顾公平与效率，为农村居民提供更优质的社会化服务，推进城乡基本公共服务均等化发展。

5. 深化金融财税制度改革

不断深化金融财政体制改革，为县域经济发展提供契机。党的十八届三中全会提出要"建立事权和支出责任相适应的制度"，"十九大"报告进一步指出

"加快建立现代财政制度，建立权责清晰、财力协调、区域均衡的中央和地方财政关系"。中央地方事权和支出责任合理划分，明确了县级政权支出边界和支出责任，必将促进县域经济的健康发展。而转移支付制度改革、营改增和资源税等税收制度改革推动构建县级财力保障机制，增强了县域经济发展能力。

一是创新财政发展投入机制，加大县域财源建设力度。编制财政发展规划，构建财政可持续发展的行动纲领，明确财政发展目标、主攻方向、重点项目建设导向、实现目标的措施。完善支持县域发展的财政政策，推行财政目标评价考核，建立财政发展目标评价考核体系，优化激励机制。设立财源发展专项资金，建立财源建设投入增长机制。

二是推动县域供给侧结构改革，做大做强县域经济。合理运用财政政策，推进"三去一降一补"任务全面落实。调整县域产业结构与提升层级，有效培植和壮大财源，做大做强工业财源，大力发展现代服务业，提高服务业比重和水平，支持现代农业发展，推进产业化经营，加快农业提质增效。抓好财政收入预期管理，夯实供给侧结构性改革的财力保障。优化财政资金投向结构，实现财政资金效益的最大化。

三是促进财政与金融政策的配合，缓解县域经济发展资金问题。一方面，发挥财政导向作用，引导金融机构增加县域信贷。完善对县域中小企业贷款风险补偿机制，采取财政金融扶持财政，支持投融资担保公司的发展，拓宽投资资金来源渠道，促进各种符合市场经济要求的资金合力参与到县域经济建设中来。另一方面，设立县域中小企业发展基金，支持中小企业创业创新发展。由财政和其他合法机构共同出资组建，基金可以根据投资方向或目的具体明细到创业基金、结构调整基金、科研基金、中介机构平衡基金等。基金使用上，根据不同的用途可以通过直接投资、贴息担保、奖励、补贴等的运作方式，完善管理机制，作为政府的扶助力量参与对中小企业的管理。

IV

广西城乡发展
专题研究

粤港澳大湾区产业转移对广西城镇
发展格局的影响

张卫华[1]

摘　要：产业是城镇发展的基础，城镇是产业发展的载体。粤港澳大湾区新一轮产业
　　　　转移与辐射，对广西城镇发展格局和产城融合带来新机遇。当前广西城镇化
　　　　率仍然处于较低水平，城市空间集聚水平与人口规模还不匹配，城市功能定
　　　　位与产出水平还不协调，通过产业基尼系数和空间计量模型分析，显示由于
　　　　广西内部实力相当的城市之间存在强烈的资源竞争，导致产城融合发展效应
　　　　偏低。为此，从产业布局、产城关系、承接模式、城镇体系构建等方面提出
　　　　了加快广西产城融合发展的针对性措施。

关键词：粤港澳大湾区；产业转移；城镇化；产城融合

产业是城镇发展的基础，城镇是产业发展的载体，城镇化是现代化的必由
之路，是推动经济提质增效升级的重要抓手，是促进城乡区域协调发展的重要
途径。随着广西加快承接产业转移，产业发展对城镇建设起到了极大的促进作
用，产城融合发展步伐加快，特别是粤港澳大湾区带来新一轮产业转移，预计
将对广西城镇发展格局带来较大影响。

一、广西城镇化发展总体水平

（一）广西城镇发展水平持续提升

自治区成立以来，广西城镇化进程经历了起步期、低速发展期、稳步发展

1　张卫华（1984－　），男，广西宏观经济研究院副所长、博士、高级经济师，主要从事宏观经济、产业发展、
全球价值链等领域研究。

图 1 广西常住人口和户籍人口城镇化率

期和快速发展期等阶段,城镇化建设实现由低速向快速发展的转变,城镇化建设不断推进,城镇化质量不断提高,呈现出城镇规模快速扩张、城镇体系不断完善、城镇功能持续提升、城乡面貌深刻变化等良好态势,为经济发展提供了强大动力。2018年广西城镇人口首超乡村人口,常住人口城镇化率达50.22%,比2010年提高了10.12个百分点;户籍制度改革加快,全区14个设区市全部出台本地推进户籍制度改革的实施意见和细则,基本实现城镇落户"零门槛",2018年全区户籍人口城镇化率达31.72%,比2010年提高了13.52个百分点,自2013以来累计实现农业转移人口落户城镇521万人,表明新型城镇化建设质效同步提升(图1)。

(二)产城融合和城乡融合步伐加快

近年来,广西产城融合发展趋势持续增强,2018年随迁子女入读公办学校的比例超过80%,农民工随迁子女平等接受教育的保障水平不断提高;5个国家级农村产业融合发展试点示范县建设加快推进,探索出多种类型的产业融合发展模式,富硒农业、休闲农业、生态循环农业等特色产业快速发展,一、二、三产业融合发展呈强劲态势。城乡收入差距缩小,2018年居民人均可支配收入名义增长7.9%,其中农村居民收入增长9.8%,连续7年高于全国增速。其中,

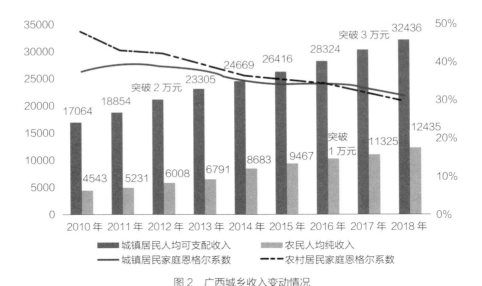

图2　广西城乡收入变动情况

城镇和农村居民人均可支配收入分别达3.2万、1.2万元，分别比2010年高1.5万、0.8万元，城乡居民收入比为2.61：1、比2010年缩窄1.15；城乡居民恩格尔系数逐步下降，2018年城乡居民恩格尔系数分别为30.7%、30.1%，分别比2010年下降7.4、18.4个百分点（图2）。

（三）城市群和城镇带建设扎实推进

广西充分发挥"三沿"优势，聚集发展要素，拓展发展空间，着力推进区域协调和城市群联动发展。一是北部湾城市群率先发展。2018年北部湾经济区地区生产总值7229亿元，占全区比重的35.5%，南宁、北海、钦州、防城港等4市以不到自治区五分之一的面积、四分之一的人口，贡献了超过三分之一的经济总量、四成的财政收入、近五成的外贸总量，北部湾经济区通信、旅游、社保同城化，口岸通关一体化等改革任务基本完成。二是西江经济带主要城市加快发展。柳州、桂林、梧州、贵港、玉林、贺州、来宾7市占全区地区生产总值比重的50%，同比增长6.8%。三是左右江革命老区稳步发展。革命老区的百色、河池、崇左等三市经济总量近3000亿元，占全区比重的14.6%。

此外，中小城市和特色小城镇建设不断加快，9个国家新型城镇化综合试点取得阶段性成果，形成了"柳州模式"和"来宾样板"，北流、平果推进新型城镇化经验在全国推广；自治区23个新型城镇化示范县和百镇工程建设扎实开展，自治区第一批45个特色小镇培育取得阶段性成果。

二、广西城镇化发展过程中存在的问题

（一）从广西内部看，城市集聚和产出水平仍有较大提升空间

人口密度和人口规模是反映城市空间集聚水平的重要指标。从人口规模与人口密度分析，2018年广西部分城市空间集聚水平与人口规模还不够匹配，其中：北海市等城市人口规模相对较小、均低于100万人，但总人口密度却非常高、达503人/km²，远大于南宁（328人/km²）、柳州（217人/km²）等大城市，表明这类城市由于受历史沿革、地形区位、经济水平等因素影响，城区空间开发跟不上实际需求，城市综合功能发育相对不足；然而，百色、河池等城市人口规模在全区属于中等水平、130万人左右，但总人口密度却明显偏低、仅100人/km²，表明这些城市空间拓展速度大幅快于人口集聚速度，人口密度相对偏低（图3）。

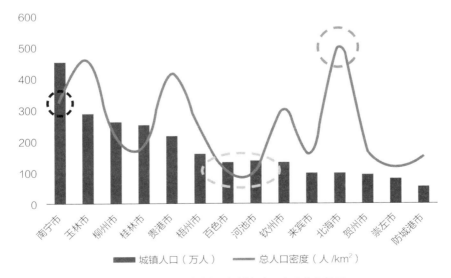

图3　广西各市城镇人口规模与人口密度分布情况

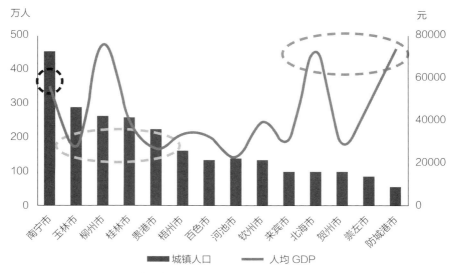

图 4　广西各市城镇人口规模与人均 GDP 分布情况

从人口规模与产出水平分析，2018年贵港、玉林等城市人口规模在全区相对较大、达200万～300万人，但人均GDP却相对偏低，分别排全区倒数第2、第3位，表明这些城市主要布局劳动密集型的低附加值产业，产业转型升级步伐相对落后。防城港、北海等城市人口规模并不太大，但人均GDP却分别达到73601、72581元，分别排全区第1位、第2位，这主要得益于近年来自治区向北部湾地区先后布局一系列重大产业项目，推动现代临港产业体系加快构建，产业链条不断延伸，产业附加值持续提高，为北部湾地区城市经济发展奠定了坚实基础。此外，近年来随着南宁城镇化发展进程的加快，城区人口呈加速扩张趋势，但人均GDP却仅排全区第4位，表明南宁市首府功能定位和建设仍然有待加强，首府的辐射力和带动力仍然偏弱（图4）。

（二）从对标对表看，广西城镇化与全国和广东存在较大差距

对标对表全国平均发展水平和发展走在第一梯队的广东省水平，广西城镇化率比全国和广东的水平均相对滞后。从"十一五"以来城镇化率变动趋势对比来看，粤桂城镇化率曲线分别位于全国平均水平的上下两侧，其中广西与全国城镇化率上升的趋势基本同步，而广东的上升趋势则较为平缓，已进入城镇

化发展的稳定期。尽管2018年广西常住人口城镇化率首次超过50%大关，但仍远低于全国59.58%的平均水平，与广东70.7%的水平更是存在极大差距（图5）。

分城市来看，粤桂各城市之间城镇化进程存在阶梯性差异，广西城镇化率较高的城市主要分布在以南宁、柳州为中心的经济发展良好的地区，广东城镇化率较高的城市分布在以深圳、广州为中心的地区，并向东北方向发散，城镇化的进程与地区经济的发展存在正向关联，并且城镇化进程存在一定的空间集聚性。

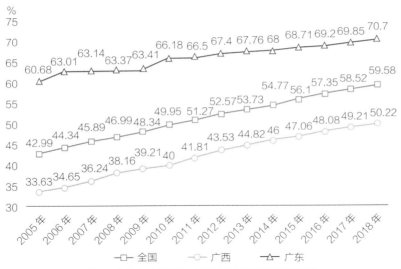

图 5　粤桂与全国常住人口城镇化率变动趋势对比
资料来源：2006~2019年《广东统计年鉴》《广西统计年鉴》《中国统计年鉴》

其中，广东城镇化率处于第一层级（80%以上）的城市有深圳市、佛山市、东莞市、珠海市、中山市与广州市，处于第二层级（55% ~80%）的城市有惠州市、汕头市、江门市、潮州市、韶关市与汕尾市，处于第二层级及以上层次的城市数量占总城市数量的57.14%；广西城镇化率处于第二层级（55% ~80%）的城市仅有柳州市、南宁市、北海市与防城港市，处于第二层级及以上层次的城市数量仅占总城市数量的28.57%，且广西城镇化发展进程最快的柳州（64.74%）仅相当于广东城镇化发展中等城市（如江门市与潮州市）的水平，由此可见，广西中心城市引领带动作用不够，尤其是首府城市南宁的辐射带动力总体偏弱，对区域经济发展的推动力严重不足（表1）。

2018 年粤桂城镇化率梯度分布情况　　　　表 1

层级	广西		广东	
	地区	城镇化率（%）	地区	城镇化率（%）
第一层级 （80% 以上）	无		深圳市	99.75
			佛山市	94.98
			东莞市	91.02
			珠海市	90.08
			中山市	88.35
			广州市	86.38
第二层级 （55% ～ 80%）	柳州市	64.74	惠州市	70.76
	南宁市	62.40	汕头市	70.41
	北海市	58.60	江门市	66.50
	防城港市	58.40	潮州市	65.30
			韶关市	56.49
			汕尾市	55.15
第三层级 （55% 以下）	梧州市	52.58	阳江市	52.61
	贵港市	50.09	清远市	52.00
	桂林市	50.00	揭阳市	51.18
	玉林市	49.29	梅州市	50.49
	贺州市	46.20	肇庆市	47.76
	来宾市	44.55	河源市	45.25
	钦州市	40.00	湛江市	43.01
	崇左市	39.24	茂名市	43.00
	河池市	38.18	云浮市	42.24
	百色市	37.06		

三、广西承接产业对城镇发展的影响

产业转移是市场经济规律作用下优化产业结构的内在要求，也是当前广西经济高质量发展背景下提升城镇化质量和水平的必然选择。近年来，一方面东部地区要素成本攀升、资源环境约束加强，导致部分劳动密集和资源密集型行业逐步被转移出去，另一方面中西部地区资源禀赋和要素成本与东部地区形成明显的比较优势，部分产业从东部地区向中西部地区梯度转移的趋势越发明显。承接东部产业转移，必然会给发展相对落后的中西部地区创造更多就业容纳能力和提升农民工收入水平，吸引更多农村劳动力向中小城市流入，进一步带动城镇化发展进程。因此，可以说承接产业转移和推动人口城镇化是相辅相成、互相促进的一个过程。

（一）粤桂产业转移的演进历程

近年来，广西正确把握国际国内产业转移趋势，紧紧抓住"一带一路"建设、粤港澳大湾区、海南自贸区等战略机遇，突出发挥与东盟陆海相邻、与粤港澳一水相连的独特区位优势，以北部湾经济区、珠江—西江经济带、沿边重点开发开放试验区为重点承接区域，积极开展精准对接和承接产业转移，形成内外资同步引进、陆海联动布局的承接产业转移新格局，陆续规划建成了桂东承接产业转移示范区、粤桂合作特别试验区、梧州市东部产业转移园区、梧州进口再生资源加工区、粤桂黔高铁经济带试验区（广西园）、粤桂县域经济产业合作示范区、贺州市华润循环经济产业示范区、粤桂（贵港）热电循环经济产业园、百色—文山（云南）跨省经济合作园区等一批产业转移园区、跨省共建合作园区。

为进一步分析粤桂各城市产业转移趋势，本文采用以粤桂地区各行业就业人员数为基础的基尼系数来反映总体产业转移情况。从近年粤桂产业就业人员数的相对变动情况来看，主要表现为产业发达地区与相对落后地区就业人员数都在增加，且产业发达地区增加得更为明显，因此本文以基尼系数是否增加作为产业发生转移的判定标准。从2005～2017年基尼系数变化情况来看，粤桂两地产业集聚的变动趋势主要表现为以广东为"流出地"、广西为"流入地"，且由传统产业转移向新兴行业转移的变化。粤桂两地产业转移与承接主要经历了产业转移与承接起步、农业与传统工业转移与承接以及新兴行业转移与承接三个阶段。

第一阶段：弱转移与承接（2005～2010年）。在这个阶段，各产业基尼系数变动均不明显。其中，变动相对较大的只有第三产业的批发和零售业、住宿和餐饮业、租赁和商务服务业等传统服务业。这表明早期粤桂地区产业的转移与承接程度较弱，只有部分传统服务业有转移"苗头"。

第二阶段：农业与传统工业的转移与承接（2010～2015年）。在这个阶段，基尼系数增长相对较大的有第一产业的农林牧渔业，第二产业的电力热力燃气及水生产和供应业。这表明随着广西产业发展基础不断提升，承接广东地区产业转移的范围逐步扩大，但主要发生在第一产业与传统工业中，第三产业承接力度较弱。

第三阶段：新兴行业的转移与承接（2015～2017年）。在这个阶段，基尼系数变动相对较大的行业转向了第三产业，其中"信息传输、软件和信息技术服务业""科学研究和技术服务业"等新兴行业涨幅较大。这表明广西重点对接加工贸易业、电子信息和先进装备制造业、生物医药、新材料、节能环保和新能源等新兴产业的举措有一定的政策效果。

综合来看，2005～2017年，除第三产业的房地产和卫生与社会工作外，其他行业均发生了不同程度的产业转移。其中，第二产业中的制造业、电力热力燃气及水生产和供应业，第三产业的批发零售业、信息传输软件和信息技术服务业、租赁和商务服务业、科学研究和技术服务业等转移程度较高（表2）。

粤桂地区主要年份基尼系数　　　　　　　　　　表2

产业分类	行业	2005年	2010年	2015年	2016年	2017年
第一产业	农、林、牧、渔业	0.4887	0.4998	0.5731	0.5775	0.5831
第二产业	采矿业	0.6139	0.6103	0.6471	0.6617	0.6866
	制造业	0.6045	0.6414	0.6852	0.7047	0.6955
	电力、热力、燃气及水生产和供应业	0.2803	0.2725	0.3517	0.4144	0.3993
	建筑业	0.5483	0.5464	0.5666	0.5376	0.5899

续表

产业分类	行业	2005 年	2010 年	2015 年	2016 年	2017 年
第三产业	批发和零售业	0.5568	0.6273	0.6494	0.6388	0.6622
	交通运输、仓储和邮政业	0.6071	0.6478	0.6873	0.6748	0.7022
	住宿和餐饮业	0.6652	0.7223	0.6843	0.6792	0.7077
	信息传输、软件和信息技术服务业	0.5310	0.6014	0.6972	0.7118	0.7638
	金融业	0.4910	0.5457	0.5039	0.5402	0.5048
	房地产业	0.7558	0.7333	0.7091	0.6960	0.7253
	租赁和商务服务业	0.6704	0.7148	0.7794	0.7853	0.7754
	科学研究和技术服务业	0.6163	0.6511	0.7230	0.6967	0.7223
	水利、环境和公共设施管理业	0.4301	0.4283	0.4739	0.4668	0.4733
	居民服务、修理和其他服务业	0.7569	0.7800	0.7789	0.7324	0.7855
	教育	0.2910	0.3045	0.3226	0.3235	0.3314
	卫生和社会工作	0.3629	0.3670	0.3505	0.3510	0.3496
	文化、体育和娱乐业	0.5855	0.5815	0.6155	0.6145	0.6188
	公共管理、社会保障和社会组织	0.3003	0.3194	0.3009	0.8650	0.3047

资料来源：根据历年统计年鉴相关指标数据整理计算而得。其中，在研究时期内，若基尼系数增加，则可能原因有：①产业发达地区和落后地区都发生了产业衰退，而产业落后地区的衰退更为严重；②产业发达地区和落后地区的就业人数都增加，而发达地区的增加更为明显；③产业发达地区就业人数不变而落后地区发生了产业衰退，或者是产业落后地区就业人数不变而发达地区增加。

（二）产业转移对城镇发展的影响

当前粤桂地区转移和承接的产业主要分布在第二产业和第三产业，同时由于制造业对劳动力需求层次低、需求量高，其产业转移对城镇化的影响也较大。广西现阶段处于工业化加速发展的进程，第二产业仍然将是产业承接的重点，因此第二产业的转入对广西城镇化将产生正向的影响。为此，本文进一步通过空间计量模型对粤桂地区第二、第三产业以及制造业转移对人口城镇化的影响展开分析，其中，选取"人口城镇化率"表征城镇化发展，并作为被解释变量；选取"产业基尼系数"表征产业转移度，并作为核心解释变量。结果显示，一个地区产业转入对本地区人口城镇化率有显著正的影响，但对其他经济实力相当地区存在显著的负溢出效应。

分产业看，制造业、第二产业与第三产业的转移对本地区的影响均为正（直接效应系数均为正），对其他经济实力相当的地区均产生负溢出效应（间接效应系数均为负），其中制造业负溢出效应绝对值最低（间接效应系数为-0.034），第三产业负溢出效应最高（间接效应系数为-0.119）。由此可见，由于广西实力相当的城市之间存在强烈的资源竞争：一个地区产业的引进将吸引其他经济相当城市的劳动力流入，同时也伴随着劳动力资源的竞争，最终形成经济相当城市劳动力资源此消彼长的形势，从而对地区总体人口城镇化进程产生不利影响；其中，第三产业的负溢出效应最为明显，说明第三产业对于人口流动的带动力度最为强劲，实施相应产业与人口政策予以支持与利用将有力促进第三产业转移承接（表3）。

粤桂空间杜宾模型的分行业总体效应　　　　　　　表3

产业转移度	产业总体	制造业	第二产业	第三产业
直接效应	0.029 （1.632）	0.018* （1.770）	0.026** （2.000）	0.024 （0.976）
间接效应	-0.078** （-2.028）	-0.034* （-1.823）	-0.071*** （-2.696）	-0.119** （-2.226）

注：***、**与*分别表示1%、5%与10%的显著性水平；括号内为稳健标准误差。其中，"直接效应"指产业转移对本地区产生的影响，"间接效应"指产业转移对其他地区产生的影响。

（三）产城互动发展中存在的问题

一是承接产业转移带动城镇化发展的作用有限。近年来，自治区承接的产业主要集中在钢铁、汽车、陶瓷、制衣、铝锰冶炼和电子产品加工等传统"两高一剩"行业，且多为中低端环节，缺乏深加工产品、终端产品以及高端产品，产品附加值不高，产业带动性不强，吸纳和解决就业的能力有限；特别是生产性服务业发展滞后，交通运输业、现代物流业、金融服务业、信息服务业和商务服务业等亟待提高，龙头企业数量偏少，中小企业集聚度和关联度低，带动就业的能力弱，产业集聚人口的作用难以发挥，以新型工业化来带动城镇化发展的机制尚未形成。

二是产业承接园区普遍存在"产城分离"现象。基于产业转移与城镇化的动态耦合关系，产业发展与城镇建设应有机融合、相得益彰。然而，由于过去自治区城镇建设注重追求土地城镇化的扩张，园区产业发展规划与城镇建设规划、园区基础设施建设与城镇配套设施建设缺乏有效衔接，不注重产业支撑下的人口城镇化，致使城镇发展普遍存在"产城分离"问题。同时，城镇职能同质化现象突出，桂东南城镇群、桂西区域城镇职能类型相似，在承接东部产业梯度转移过程中，发展方向与分工不够明确，承接产业类型相似，缺乏优势产业和特色经济。

三是基础设施水平与配套建设能力亟待完善提升。当前自治区重点园区城镇基础设施建设普遍滞后，公共服务设施配套不足，供水供电、道路硬化、绿化亮化、排污设施等亟待完善，公共交通、医疗卫生、文化教育、商用住房、商业网点、餐饮娱乐、员工宿舍及廉租房等生活配套设施建设明显滞后，相当程度上弱化了工业园区在新型城镇化进程中承接城市产业转移和吸纳农村富余劳动力的能力，导致园区人口承载能力和产业集聚能力普遍偏弱。

四是承接产业转移极大考验当地环境承载力。近年来，自治区承接的产业主要集中在钢铁、汽车、陶瓷、制衣、铝锰冶炼和电子产品加工等"两高一剩"和劳动密集型行业，属于制造业的中低端环节，产品附加值不高，产业带动性不强。同时，这类行业发展需要大量的能耗指标、环保指标，而国家下达自治区"十三五"能源消费增量仅为1840万t标准煤，难以满足产业承接需求。

四、以承接产业促进城镇发展的对策建议

（一）重塑产业布局，确立城市主体地位，促进承接产业从分散同质转向集中差异

全面对接粤港澳大湾区发展，加快承接东部地区产业转移，确立城市承接产业转移的主体地位，把城市经济相互融合作为产业精准衔接的重要推动力和加速器，使承接产业转移的空间布局从分散同质转向集中差异。为此，自治区各城市结合自身已有的产业基础、比较优势，将发展产业集群作为承接产业转移的战略选择，更加积极主动地进行有序承接，培育和发展层次分明的基础产业、支柱产业和主导产业的产业体系，巩固自身的产业优势地位，增强产业配套能力，从而不断提升城镇化质量。其中，必须积极拓展南宁与广州、深圳及

港澳地区智能制造、空港经济、现代金融等产业对接与合作，加强柳州市和佛山市先进制造业融合发展，进一步完善桂林市与深圳市电子信息产业融合发展，强化梧州、贺州与惠州、东莞在电子信息和智能手机制造等产业的对口合作，鼓励百色与河池等市的深圳产业园、深圳—巴马大健康合作特别试验区、北海—澳门葡语系国家产业园等共建园区加快发展，探索在东兴、凭祥、龙邦等三个跨境经济合作区建立"港深加工贸易区"，打造港澳"转口贸易"飞地。

（二）重构产城关系，健全融合体制机制，促进发展从"产城分离"转向"产城融合"

创新规划理念和顶层设计，建立产业提质增效与城镇功能升级的同步演进机制，由单纯的"产业区"规划转向"产业新城"规划，加快产城融合示范区建设。加快培植产城融合发展的动力机制，聚焦填补工业发展短板，加快承接一批龙头引领、链条完善、集约发展的主导产业；积极引进符合创新趋势、附加值水平高、具有较高资源配置能力和较强竞争力的前沿产业，全力拉动城镇转型升级，形成区域经济梯度效应。大力夯实产城融合发展的实现机制，加快产业园区和城镇综合承载能力建设，重视承接产业园区发展和人口集聚衍生的生产生活服务消费需求，前瞻布局城镇产业配套功能，提高生活配套设施的便利化、品质化，营造产业创新发展、可持续发展、绿色发展的城市氛围；加强基础设施的互联互通，提升城镇对人口集聚的承载力和对产业发展的配套服务能力。

（三）重建承接模式，加强平台要素协同，促进承接模式从单一承接转向体系构建

必须按照"强龙头、补链条、聚集群"的思路，将承接产业转移的重点放在补齐产业配套能力和上下游协作能力的短板上，通过产业结构调整、产业链完善、产业布局优化、节能减排部署、配套体系建设，有效提升制造业体系的运转效率和盈利能力。同时，加快新型产业平台载体建设，要充分借鉴"飞地经济"新模式，聚焦引进一批新兴产业，落户一批合作示范项目，推动一批产业园区及大型企业在异地共同打造"园中园""共建园""两国双园"，重点加快高铁经济带柳州园、桂林园及贵港、贺州、来宾等分园建设，强化与广东园的联动机制，努力将大湾区政策延伸到广西。同时，更加主动接受大湾区的要素溢出，强化要素集聚平台建设，优化工业东融环境，将大湾区的资金、技术、人才、管理等要素与我区区位、资源、生态、政策等优势相结合，推动工业加快实现高质量发展。同时，瞄准大湾区高端科技和高精尖人才，积极对接广深科技创新走廊，引导汽车制造、机械、食品加工、生物医药等领域的龙头企业以及电子信息、节能环保、新材料等领域高成长性企业与大湾区企业共建区域产业链、创新链，积极打造大湾区工业科技成果转化的承接区。

（四）重视科学布局，建设多级城镇体系，积极构建产城融合发展的平衡机制

积极构建大中小城市和小城镇协调发展的多层次城镇体系，合理安排城镇及产业发展的规模与空间布局，积极探索以北部湾经济区、西江经济带和左右江革命老区为全区城镇空间布局的总体框架，因地制宜增强城市群和重点城镇对资源要素的集聚作用。其中，北部湾城市群要加快完成以南宁为重点的城市功能疏解，以北海、防城港、钦州沿海三市为重点的产业转型升级，以玉林、崇左为重点的城市功能支撑，探索网络化、多中心、多功能的新型城市发展模式；西江经济带要以完善功能、搭建平台、引进人才、孵化企业、培育产业为宗旨，加快集聚国际交往、文化创意、科技创新等高端资源，重点发展生产性服务业、战略新兴产业和高端制造业，更好地支撑区域经济平衡发展、充分发展；左右江革命老区要加快完善城市基础设施配套建设，提升城市公共服务水平，加快新兴制造业与现代服务业的融合发展。同时，将县城作为承接中心城区、集聚周边城镇人口、辐射带动乡村的重要纽带，向上通过轨道交通、高速公路、高速铁路等市域快速通道建设，与大中城市城区构建无缝连接的一体化综合交通系统和通信系统，加强产业承接功能；向下加强集聚周边城镇人口、辐射带动乡村的功能，将部分城镇功能向基础好、区位优、潜力大的重点镇延伸，逐步形成定位有别、规模适中、层次分明、功能互补、布局相对集中的城镇群、城镇带。

参考文献

[1] 杨豫萍，张卫华. 粤港澳大湾区建设背景下粤桂产业动态集聚与转移[J]. 学术论坛，2019（3）：81-88.

[2] 毛艳，张卫华."三维"视角下广西新型城镇化对经济增长的实证研究[J]. 广西社会科学，2018（5）：40-45.

[3] 赵宏波，苗长虹，冯渊博，李苛. 河南省产业转移承接力时空格局与优化路径分析[J]. 经济地理，2017，37（12）：112-120.

[4] 王珍珍. 产业转移、农村居民收入对城镇化水平的影响[J]. 城市问题，2017（4）：20-25.

[5] 叶琪. 论区域产业转移与城镇化的互动[J]. 华东经济管理，2014，28（8）：56-60.

[6] 胡安俊，孙久文. 中国制造业转移的机制、次序与空间模式[J]. 经济学（季刊），2014，13（4）：1533-1556.

[7] 姜玉砚. 经济转型和城镇化背景下的区域产业布局优化研究——基于山西的实证[J]. 城市发展研究，2012，19（12）：166-169.

[8] 周世军. 我国中西部地区"三农"困境破解：机理与对策——基于产业转移与城镇化动态耦合演进[J]. 经济学家，2012（6）：72-79.

[9] 刘红光，刘卫东，刘志高. 区域间产业转移定量测度研究——基于区域间投入产出表分析[J]. 中国工业经济，2011（6）：79-88.

[10] 张公嵬，梁琦. 产业转移与资源的空间配置效应研究[J]. 产业经济评论，2010，9（3）：1-21.

[11] 王爱花，张卫华. 产业集聚发展与城市经济增长实证研究——以广西14个地级市面板数据分析为例[J]. 市场论坛，2019（4）：5-8.

[12] 乐冬. 广西新型城镇化发展路径研究[J]. 现代商贸工业，2016（19）：16-17.

[13] 黄建英. 广西北部湾同城化战略思考[J]. 广西民族大学学报（哲学社会科学版），2014（5）：114-117.

广西农民工返乡创业调研报告

刘东燕

摘　要：本报告紧密结合实施乡村振兴战略的重大部署，围绕广西农民工返乡创业这一研究主题，以翔实的资料和数据为依据，对广西农民工返乡创业的政策环境、发展现状和实施效果进行了深入分析，剖析广西返乡农民工创业过程中面临的主要困境与制约因素，有针对性地提出加快推动广西农民工返乡创业的对策依据。

关键词：乡村振兴；农民工；返乡创业

近年来，农民工流动过程中劳务输出转向和返乡创业就业并重的特征更加突出，全区农民工返乡创业年均以两位数增长，造就了大批小微企业和农业新经营主体。这些来自最基层的草根力量，正成为广西"大众创业、万众创新"时代大潮的生力军，逐步形成了以创新促创业、以创业促就业、以就业促增收的良性互动格局。

一、广西推动农民工返乡创业的实践探索及成效评价

（一）广西推动农民工返乡创业的主要实践探索

1. 打出政策"组合拳"，释放返乡创业内生动力

近年来，广西出台一系列含金量高的扶持政策，大力推动地方政府在整合各类政策、项目、资金扶持农村创业项目上进行积极探索，形成了独特模式。2014年出台的《关于创新和加强农民工工作的若干意见》，提出从2015年至2017年，自治区本级财政每年安排3亿元专项资金，用于扶持农民工创业，其中部分资金用于农民工创业担保贷款贴息。此后，又出台《农民工创业专项扶持资金使用管理办法》《农民工创业担保贷款实施办法》等，成为全国率先出台

农民工创业担保政策的省区，以政策杠杆激发返乡农民工的创业信心和热情。据广西人社厅统计，截至2017年，全区累计发放农民工创业贷款总额达18.6亿元，有效地帮助了3.6万名农民工解决了创业资金短缺难题。

2. 完善公共服务机制，打造良好创业生态

广西各地积极整合社会资源，开展创业综合类服务，健全服务功能，优化提升服务质量。如南宁推出"星创天地"建设，面向返乡农民工、农民合作社等创业主体，提供成果转化、产业创意、产品创新、人才培训等服务，打造一站式开放性综合服务平台。柳州等地搭建线下体验和线上购物的O2O销售模式，百色田东、田阳等县建设村级淘宝服务站42个。推出科技服务新举措，玉林市首创农业科技服务联盟，构建"1+1+N"的农技推广模式，推进现有科技推广机构向返乡创业服务倾斜。

3. 加强培训教育，提供持续有力支撑

一是探索形成了"系统管理、整体运作、教学师资、教育培训、认定管理、政策扶持、督导评价"的"七位一体"培育模式，打造了返乡创业培训的"广西样板"。二是建立健全政府购买服务机制，列出培训专项资金，加强了14个农民工创业培训实训基地建设，鼓励引导各类院校、社会培训机构投入创业培训。三是加强导师队伍建设，建立由成功企业家、电商辅导员、返乡创业带头人组成的"双创"导师信息库，为返乡创业人提供创业辅导。四是实施技工院校结对帮扶贫困家庭计划，广西54个贫困县内建档立卡的贫困家庭子女享有中期就业技能培训、短期技能培训、创业培训等政策。

4. 搭建多元平台，助推实现返乡创业梦想

依托现有各类园区和资源，整合创建了农民工创业园、返乡创业孵化园、创业孵化基地和乡村旅游创客示范基地等一批具有市场活力的农民工返乡创业平台，既为返乡农民工提供实现创业梦想的舞台，也为返乡就业的农民工提供更多的就业岗位，逐步实现了"筑巢引凤栖"的扩大效应。

5. 做好示范带动大文章，厚植返乡创业新动能

首先，紧扣"以强带弱"做文章，完成了自治区、地市级农民创业能人培育和评选。其次，紧扣"以大带小"做文章，依托广西现代特色农业（核心）示范区等建设，推动一批龙头企业，与中小农户签署订单合同，实现了"大小双赢"。第三，紧扣"以村带户"做文章，大力推进以村为基本单元的复合型经营主体建设，发展壮大集体经济，带动返乡农民工抱团发展、组团创业，实现强村富农。**第四**，紧扣"以赛带创"做文章，成功举办两届创业大赛活动，发掘出一批创业典型人物和项目。

（二）广西推动农民工返乡创业取得的主要成效

1. 创业规模日益壮大，创业新热潮正在形成

据广西区人社厅调研数据显示，2013年广西给予注册资本金补助的新创办微型企业中，农民工占76%，成为创办微型企业的主力军；农民工返乡创业投资规模以5万元以下为主，占46.5%，其次是5万～10万元，占38%，平均每户创业带动就业5人。近3年来，广西每年有3%左右农民工返乡创业就业，大部分选择自主创业，返乡创业人数增幅均保持在两位数左右。据人社厅资料显示，截至2017年年底，广西返乡创业农民工人数达70.41万人，创办企业49.13万个，带动就业349.48万人，农民工返乡创业已形成良好氛围。

2. 创业领域逐渐扩大，助力脱贫增收效应初现

创业领域逐步覆盖特色种养业、农产品加工业、休闲农业和乡村旅游、信息服务、电子商务、"三品一标"农产品生产经营、特色工艺产业等农村一、二、三产业，创办的经营主体包括家庭农场、种养大户、农民合作社、农业企业和农产品加工流通企业，并呈现出融合互动、竞相发展的趋势。根据国家统计局广西调查总队2015年对南宁、柳州、桂林、河池、百色、来宾、崇左7市51个乡村旅游扶贫重点村33542户人家的调查显示，其中从事乡村旅游的为3740户，占11.2%；户均旅游收益36700元，比同年广西农民户均纯收入25570元高出43.5%。

3. 创业业态不断丰富，现代要素投入日益增多

目前，广西返乡农民工创业创新的主导产业不断与当地优势农产品和特色农产品生产区域对接，逐步形成了独具地方特色的农村新产业、新业态、新模式，对推动自治区农业产业合理布局、加快构建农村一、二、三产业融合新格局提供了日益有力的产业支撑。同时，返乡农民工创业起点越来越高，现代要素投入明显增加。返乡创业主体素质更高，抱团创业更多，管理方式更新，广泛采用了新技术，推出了新模式和新业态，并且融入当地的现代农业和特色经济中去。据统计，2018年，全区有54.3%的返乡创业者通过网络、微博、微信等新媒体了解信息、政策法规并进行营销推广。

4. 社会效益不断形成，乡村治理持续完善

农民工返乡创业注重发挥新产业、新业态在缓解农村"三留守"群体问题、改善农村家庭结构、修复农村社会结构、有效防止农村在社会变革浪潮中被边缘化等方面的社会综合治理功能。据不完全统计，2016年，全区返乡农民工创业土地流转30亩以上的经营主体接近5万户，领办家庭农场2.3万余个、合作社5.2万余家，有效带动了农村就业，解决全区近100万个家庭的空巢留守问题，激发了基层发展活力，促进了农村社会和谐。与此同时，优化了农村基层组织结构，提升了基层治理水平，超过60%的村组干部都有在外务工经历，一些基层党组织中返乡农民工占比高达30%以上。

二、广西农民工返乡创业的基本状况及机遇条件

为深入了解广西返乡农民工创业的现状，2017年8～10月，课题组在南宁市良庆区、玉林市玉州区、河池市东兰县、百色市田阳县、河池市大化瑶族自治县、来宾市武宣县、防城港市、贵港市、崇左市龙州县、桂林市恭城瑶族自治县等开展了问卷调查和实地访谈。本次调研共发放问卷600份，实际回收有效问卷553份，有效回收率达92.2%。被访的553名返乡农民工中，包括已创业的农民工353名、未创业的农民工200名。本报告所引用的调查数据来自于本次问卷调查结果。

（一）广西农民工返乡创业意愿和动力分析

1. 不同职业经历中，个体户返乡创业意愿最强

调查显示，受访的未创业农民工中，当被问及"目前及未来一段时间是否有创业的打算"，18.3%的农民工明确表示"有创业的打算"，23.6%的农民工表示"视情况而定"，58.1%的农民工表示"没有创业的打算"。从不同职业经历看，个体户创业意愿最高，达到20.7%。而已经返乡务农的农民工的创业意愿比较低，只有8.4%。

2. 不同年份间返乡农民工的创业意愿存在差异

2009～2012年间，农民工返乡创业意愿未呈现持续增长的态势。2015年返乡农民工的创业意愿最强烈，有意向创业者高达25.6%，比2009年高出15个

百分点。2014～2017年返乡的农民工创业意愿普遍较高，均达到20%以上。

3. "90后"农民工创业意愿最为强烈

在被访的未创业农民工中，"60后"至"90后"农民工的创业意愿与其年龄大小有明显相关关系，"90后"农民工的创业意愿最强，占比高达43.2%，而"有创业意愿的""60后""70后""80后"及其他年龄段的农民工分别占5.2%、15.8%、35.1%和0.7%。

4. 资金问题是有创业意愿返乡农民工面临的最大掣肘

被访的有创业意愿的返乡农民工中，认为创业要面临的前三项制约因素分别是"资金短缺"（87.6%）、"技术缺乏"（32.6%）和"没有好的创业项目"（23.9%）。而与此相对应的是，在政策诉求上，有创业意愿的返乡农民工呼声最高的是"放宽贷款条件，加大金融支持"，比重达73.4%，其次是加大技能培训、提供快捷有效的市场信息，分别占41.8%和36.7%。

5. 传统产业及家庭经营是多数有创业意愿返乡农民工的主要选择

在产业领域上，有创业意愿返乡农民工更倾向于选择传统产业，创业项目的选择最集中的产业领域分别是商品零售、餐饮业和养殖业，分别占23.7%、20.3%和14.5%。在经营形式上，有创业意愿返乡农民工倾向于选择家庭经营（68.2%），其次是合伙经营（25.3%），而选择注册企业方式的只有6.5%。

（二）返乡创业农民工的人力资本及其创业状况

1. 青壮年农民工构成返乡创业的主体

从返乡创业年数上看，被访农民工中，返乡创业在1年以下的占32.6%，2～5年的占56.7%，5年及以上的占10.7%。而返乡创业者年龄主要集中在31～40岁，占比达56.8%。根据调查，回乡创业者中男性比例高达91.8%，可见，广西农村妇女主要务农或从事家务的现状仍未改变。

2. 谋求自身及家庭的更好发展是返乡创业的最大动机

根据农民工返乡创业的实际情况，课题组把农民返乡创业动机分为生存型、成长型和价值型三种类型。其中，生存型是指农民工为了赚钱养家或生存而选择返乡创业；成长型是指农民工为了自身发展而选择返乡创业；价值型则是指农民工希望以一技之长实现自身价值而选择返乡创业。调查结果显示，生存型、成长型和价值型的返乡创业农民工分别为31.8%、48.9%和19.3%，进一步访谈资料也印证了返乡农民工把谋求自身及家庭的更好发展作为创业的最主要动机。

3. 文化程度、专业技术禀赋与农民工创业选择呈正相关关系

返乡创业的农民工受教育程度普遍高于农村地区平均水平。返乡创业者中，具有初中文化程度的农民工占63.9%，小学文化程度的农民工为6.5%，两者比例超过七成，而高中及以上文化程度的农民工约占三成。

4. 类似行业经历是返乡农民工创业的决策首因

受访返乡农民工平均累计外出务工5.7年，他们在外积累了较为丰富的经验。而高达98.7%的回乡创业者都掌握了一门以上的技术，养殖、烹饪、电工、驾驶、电器维修、建筑等，其主要掌握的技术为其创业打下了坚实的基础。

5. 返乡创业主要集中在第一产业和第三产业

从产业构成上看，农民工返乡后在多个领域进行创业，包括特色种养殖业、加工业、餐饮住宿、批发零售、运输业、家政服务等。从总体上看，农民工返乡创业集中在第一产业的比例为37.8%，在第二产业的占23.6%，在第三产业的占38.6%。值得注意的是，创业产业与农村二、三产业融合的趋势日益明显，乡村旅游、电商服务等创业的新产业、新业态不断壮大。

6. 返乡创业规模以中小企业和小微企业为主体，并以自雇创业为主

从企业规模上看，创业初次投资规模以中小企业和小微企业为主体，企业初次投资规模在10万元以下的占到七成。在用工方面，返乡农民工创业以自雇方式为主，占比高达79.3%。自雇比例过高反映出返乡农民工的创业能力较低与创业资源明显不足并存。

7. 就近就地返乡创业特征明显

从区域分布上看，受访返乡创业农民工在本村创业的比例达23.6%，选择在本乡镇创业的占25.2%，选择在本县城创业的占44.6%，选择在本县城以外创业的占6.6%。这表明，大部分回乡农民工所选择的创业地点是离家较近的村庄、乡镇，与农村的天然联系决定着他们创业可以直接造福广大农村。

8. 企业经营效益整体有待提升，且创业行为较为保守

调查显示，返乡创业农民工对自身企业经营状况不容乐观，六成以上的创业者认为经营效益一般，仅20.8%的创业者认为企业经营状况较好，另有将近两成的创业者认为企业经营较为困难。

（三）广西农民工返乡创业的机遇条件

1．新时代发展要求的转变成为返乡创业的重要推动

首先，东部沿海地区企业经营成本、要素成本上升，资源空间受到了限制。而广西作为后发展地区，具有较多优势和潜力。其次，近些年来，"互联网+"等技术的出现和发展，拉近了农村与城市的距离，为农民工返乡创业提供了广阔的空间。再次，据研究，当城镇化率在50%左右的时候，广大农村将成为一部分人口返乡旅游、居住和创业的热土。2016年，广西的常住人口城镇化率达到48.08%，农民工返乡创业高峰期即将来临。

2．农民工资源禀赋提升和情感回归是返乡创业的孵化器

农民工外出务工后自身综合素质和能力得到全面提升，这正是广西未来发展所需要的人才动力源。返乡农民工本身具有的相对于广西农村地区更高的综合素质，为他们返乡创业提供了最大优势。与此同时，广西作为一个典型的农耕文明区域，在广大乡村有文化之根和根深蒂固的"乡恋和乡愁"，进城务工农民的情感渴望和回归也迎来了新的呼唤。

3．改革推进和支持政策的激励为返乡创业提供良好环境

国务院近年来持续出台了一系列支持农民工等返乡创业的政策，地方政府结合实际贯彻落实政策，形成与农民工返乡创业创新的互动。2017年年底的中央农村工作会议强调，要实施乡村就业创业促进行动，培育一批家庭工场、手工作坊、乡村车间，以上无疑将进一步推动农民工返乡创业创新发展。包括广西在内的许多省份也据此出台了相关扶持政策，比过去力度都更大，更加具体。

4．基础设施等发展环境的改善为返乡创业提供重要保障

近年来，广西基础设施支撑能力大幅提升，为农民工返乡创业提供了保障。特别是随着脱贫攻坚力度加大，广西贫困地区建设面貌发生了根本性改变。此外，农村继续成为投资热土，以2016年为例，广西第一产业固定投资增速比全部固定资产投资增速高14.0个百分点，占全部固定资产投资的比重由上年的4.8%提高至5.4%。

三、广西农民工返乡创业面临的困境与制约

（一）现实困境

1. 政策总体供给困境：需求缺失与供给不顺

（1）**政策瞄准性偏弱。**当前扶持农民工返乡创业的政策，主要瞄准的是农民工创业园、返乡创业孵化园、创业孵化基地等产业园区，大部分分散在创业园区之外且规模较小的返乡农民工，尤其是一些依托电商平台进行创业的农民工，难以享受到相关政策扶持。

（2）**政策碎片化现象依然存在。**各部门、各级政府出台的创业文件越来越多样化，但各种政策之间的不协调性问题仍较突出，政策体系结构碎片化特征明显，这种局面不仅造成创业资源的浪费，而且在较大程度上扭曲和伤害了创业价值的根基。

2. 支持机制的困境：制度纳入与现实排斥

虽然国家和自治区出台的农民工返乡创业的政策体系中，已经包含了对土地、融资、人才等保障条件的内容，但由于仍缺少对回乡创业的明确政策，使税务、金融、财政等部门难以操作，造成了用地难、融资难、公共服务滞后等问题，已成为农民工返乡创业亟需突破的主要瓶颈。

3. 基层实践困境：效益偏低与惯性依赖

（1）**政策知晓率严重偏低。**在调查中发现，返乡农民工对政策的知晓率极低，通过政策扶持获益的农民工远低于政府政策预期，而在创业方面得到真正扶持的农民工更是极少数，这与部分地方政策落实不到位密切相关。

（2）**政策利用率和覆盖面不足。**调查结果显示，创业政策的利用度也较低，仅有38.4%的创业者表示至少利用过一项创业政策，而另有43.8%的创业者表示从未利用过任何扶持政策，这不仅与创业群众对政策的知晓度偏低有关，而且与地方政府政策落实状况有密切关系。

（3）**返乡创业指导服务有待加强。**一是重视不够。一些地方把改变当地经济不发达的希望过多寄托在引进外商和大企业上，并为之制定一系列的优惠政策，认为农民工回乡创业对县域经济的发展和财政增收作用不大。二是就业技能培训没有形成合力。财政补贴涉及多个部门，培训范围较小，限制了返乡农民工进入产业的选择空间。三是政策的宣传与落实存在堵点。部分农民工特别

是区外务工的桂籍农民工对创业支持政策还不知晓，农民工返乡创业典型宣传不够、示范效应不强。

（二）制约因素

1. 县域经济薄弱，难以为创业提供足够空间

当前，全区县域经济发展乏力、经济总量小、工业化城镇化水平不高、产业结构不合理、市场化程度较低、当地居民收入水平较低、金融体系缺乏活力等因素，使得难以为返乡农民工提供足够的创业空间。在近年的全国百强县评选中，广西已连续6年榜上无名，充分暴露了广西县（市、区）综合竞争优势太弱。

2. 农民工创业能力偏低，自身短板问题突出

（1）人力资本积累的制约。首先，绝大多数返乡农民工总体素质仍偏低，具有初中文化程度和小学文化程度的农民工比例超过七成。其次，后天积累的人力资本水平过低。绝大多数返乡农民工在务工过程中，相应的管理经历和经验不足甚至缺乏，很大程度上制约了他们返乡后选择自主创业，即便进行创业，也无形中加大了其创业的风险。再次，排斥对人力资本的投资。课题组在访谈中发现，相当一部分农民工宁愿把务工收入用于返乡盖房，也不愿意用一部分来投资职业技能培训。

（2）传统思想意识的制约。结合课题组访谈资料来看，尽管返乡农民工已具有一定的现代意识，但受传统落后保守思想的影响仍较深。多数受访返乡农民工在思想意识上处于认知迷茫的状态，而一部分返乡农民工经过城市生活的洗礼，树立了明确的发展目标，显示出一种"冲劲"和"闯劲"，但离具备创业者人格特征仍有相当距离，需要更加具体、细致地把握农民工返乡创业的特征与规律，提升政策的针对性和有效性。

3. 社会保障等制度创设上仍存在缺陷，服务能力亟待提升

当前，农民工等返乡创业人员的社保、住房、教育、医疗等公共服务的改革仍未形成有效配套，一些返乡就业人员未能及时享有基本公共服务。此外，自治区不少地方基层就业和社会保障服务设施建设仍较滞后，服务能力亟待提升。同时，返乡农民工在创业时对其户籍、土地上仍有一定的后顾之忧，亟需在政策创设时保持足够的弹性空间。

四、加快推动广西农民工返乡创业的对策建议

（一）推进重大战略建设带动返乡创业，营造多层次发展格局

1. 依托产业转移升级，提高返乡创业产业层级

支持全区各地充分利用现有的开发区、创业园和孵化基地等，在承接东部产业转移、推进产业升级过程中，大力发展相关配套产业，带动农民工等人员返乡创业。鼓励积累了一定资金、技术和管理经验的农民工等人员，把适合的产业转移到家乡再创业、再发展。大力实施桂商回乡创业工程，积极引导外出务工人员返乡投资创业，积极引导桂籍农民企业家抱团回归、返乡创业。

2. 依托产业融合发展，丰富返乡创业新业态、新功能

统筹发展县域经济，引导返乡农民工等人员融入区域专业市场、示范带和块状经济，打造具有区域特色的优势产业集群。鼓励创业基础好、创业能力强的返乡人员，发展农林产品加工、休闲农业等产业项目。围绕八桂品牌的塑造，对少数民族传统手工艺品、绿色农产品和地方特色农产品进行挖掘、升级、品牌化，大力发展民族风情旅游业，带动民族地区创业。

3. 依托新型农业经营主体发展，提升返乡创业人员的能力禀赋

鼓励返乡人员共创农民合作社、家庭农场等新型农业经营主体，围绕规模种养、农产品加工、农村服务业等合作建立营销渠道，合作打造特色品牌，合作分散市场风险。

4. 依托农村电子商务发展，延伸返乡创业的市场竞争优势

鼓励和扶持返乡创业的农民工等人员利用互联网技术，发展休闲农业、农产品销售等农村服务业，促进地方传统产业实现电子商务化。鼓励返乡人员发挥熟悉输入地市场、输出地资源的双重优势，借力"互联网+"，拓宽区内特色农产品网上销售渠道，实现特色产品与外地市场有效对接。

5. 推进农民工等人员返乡创业与万众创新有序对接

支持举办返乡农民工等人员创业项目展示推介等活动。鼓励社会资本加大投入，建设发展市场化、专业化的众创空间。推行科技特派员制度，为农民工等人员返乡创业提供科技服务。鼓励科技人员与返乡创业人员组成利益共同体。创建农村科技致富示范基地，推进农村青年创业富民行动。

（二）加快农村创业创新园区和基地建设，强化创业要素集聚效应

1. 加大园区和基地建设力度

加快建设一批农村创业创新园区和基地，对不同类型、不同性质的农民工返乡创业园区制定精准化扶持政策。属于非农业态的农民工返乡创业园，利用集体存量建设用地进行建设。属于农林牧渔业态的农民工返乡创业园，在不改变权属和用途的前提下，允许建设方通过与权属方签订合约的方式整合资源开发建设。在战略性新兴产业及以高效农业、生态农业为特征的现代农业等重点领域，要大力推进专业孵化器建设，加快培育中小微涉农市场主体。

2. 促进资源集聚

支持农村创业创新园区和基地积极参与农村一、二、三产业融合发展等涉农项目建设。加强与高等院校、科研单位等机构联系，形成科技、人才的汇集高地。支持园区和基地建设星创天地，组织经营主体积极参加全国农村创业创新项目创意大赛等赛事活动，支持社会力量举办创业沙龙等创业辅导活动。

3. 推动产城融合

引导农村创业创新园区和基地与粮食生产功能区、特色农产品优势区、现代农业产业园和特色小镇对接，形成功能和优势互补、产业和利益紧密联结的发展模式。支持引导返乡下乡人员按照全产业链、价值链的现代产业组织方式开展创业创新，培育农村创业创新示范样板。

（三）提升返乡人员创业就业能力，积极培育返乡创业带头人

1. 实施返乡人员创业培训行动计划

开展返乡创业培训五年行动计划和新型职业农民培育工程等培训，编制实施专项培训计划，联合各大专院校实行"理论学习+实践教学"的分段培养模式。利用现有培训资源，从返乡创业人员中选择一批具备创业创新潜力的人员开展创业培训。

2. 实施贫困村创业致富带头人培训工程

按照精准扶贫的要求，充分利用企业、产业基地等资源，落实培训网点；组织针对创业理念、创业能力等内容的精准培训，提供持续的创业指导和跟踪服务。制定区域内带头人培养计划，不断提高带头人培养的针对性和实效性。

3. 实施农村青年创业致富"领头雁"计划

推荐具有一定群众基础和创业经验，有较强示范带动能力的农村青年作为带头人培养对象。建立创业导师与培养对象结对帮扶制度。建立和完善同业考察交流机制，鼓励经济发达地区与欠发达地区之间互助合作。组织开展农村青年致富项目大赛、带头人产品展示展销推介等活动，为带头人搭建活动平台。

4. 开展少数民族传统工艺品保护与发展培训工程

以市场为导向，以少数民族传统手工艺品传承基地、传承人、合作社等为龙头，重点支持少数民族传统手工艺品的挖掘、升级、品牌化、市场化、技术推广和培训等，促进少数民族返乡人员创业。

（四）加强返乡创业服务体系建设，打造良好服务生态系统

1. 降低创业门槛

深化商事制度改革，放宽经营范围，鼓励返乡农民工等人员投资农村基础设施和在农村兴办各类事业。鼓励返乡创业人员参与建设或承担公共服务项目，支持返乡人员创设的企业参加政府采购。

2. 积极开展各类创业服务

一是加快推进创业综合类服务。依托现有服务机构，健全服务功能，整合社会资源，提供各类综合性公共产品和服务。**二是进一步加强返乡创业专业化服务。**充分发挥大专院校、科研院所、行业协会和社会中介组织的作用，开展管理指导、技能培训、研发设计技术等专业化服务。**三是大力推进农村社区服务体系建设。**建立返乡创业群体共同参与的农村社区协商机制，积极推动基本公共服务下沉农村基层。

3. 创新服务平台建设

加快交通基础设施建设，基本实现县城通二级以上公路。加快实施宽带乡村工程，改善基层互联网创业基础条件。依托物流业转型升级、农产品冷链物流等项目，加快改善物流服务能力。加强信息平台建设，建立创业创新基地、开展创业创新培训、搭建网上服务平台。不断创新体制机制，建立市场主导、政府引导、企业运作、主体参与的运行方式，形成充满活力的制度模式。

（五）破解返乡创业主要瓶颈，夯实政策保障支撑水平

1. 盘活农村土地资源，保障创业用地需求

在符合规划和用途管制的前提下，利用小城镇和乡村存量非农建设用地支持农民工返乡创业。允许通过村庄整治等方式盘活集体建设用地存量，将置换出来的集体建设用地优先用于农民工返乡创业。

2. 加大财政支持力度，激发返乡创业"活水"

运用财政支持、创业投资引导、政策性金融服务、创业担保贷款和贴息、创业孵化基地设立等扶持政策，加大对返乡农民工创业的支持力度。对返乡农民工等人员创办的新型农业经营主体，符合农业补贴政策支持条件的，按规定同等享受政策支持。对具备各项支农惠农资金、小微企业发展资金等其他扶持政策规定条件的，纳入扶持范围，简化审批流程，健全政策受益人信息联网查验机制。

3. 强化金融服务支持力度，破解返乡创业金融难关

建立完善农民工等人员创业主体信用征集、评价和运用机制。鼓励银行业金融机构开发符合农民工等人员返乡创业需求特点的金融产品和服务，加大涉农信贷投入。大力拓展融资渠道，吸引社会资本加大对农民工等人员返乡创业企业初创期、早中期的支持力度。

4. 把握好扶持引导的"度"，防止揠苗助长

各地在引导农民工返乡创业行为上，要因地制宜，既要积极扶持，又要防止不顾当地条件，运动式发动，一哄而上。要把鼓励引导创业的重点放在有专业技术知识、有经营管理经验、有一定资金积累的农民工群体上，把创业的重点领域引向有区域要素禀赋和比较优势的农村一、三产业，把农民工返乡创业与农业供给侧结构性改革结合起来，与推进现代农业建设和实现农村小康目标结合起来。

参考文献

[1]　中国共产党十九大报告[R]，2017.
[2]　国务院办公厅. 关于支持农民工等人员返乡创业的意见[Z]，2015.
[3]　国务院办公厅. 关于支持返乡下乡人员创业创新促进农村一、二、三产业融合发展的意见[Z]，2016.

[4] 广西壮族自治区人民政府办公厅关于进一步支持返乡下乡人员创业创新促进农村一、二、三产业融合发展的实施意见[Z]，2019.

[5] 唐杰. 统筹城乡发展背景下的农民工返乡创业研究[M]. 北京：经济管理出版社，2012.

[6] 熊智伟. 农民工返乡创业决策影响因素研究[M]. 北京：经济管理出版社，2014.

[7] 石智雷，等. 返乡农民工创业行为与创业意愿分析[J]. 中国农村观察，2010（5）.

[8] 陈文超，等. 农民工返乡创业的影响因素分析[J]. 中国人口科学，2014（4）.

[9] 李敏. 大众创业背景下农民工返乡创业问题研究[J]. 中州学刊，2015（10）.

[10] 朱红根，康兰媛. 农民工创业动机及对创业绩效影响的实证分析——基于江西省15个县市的438个返乡创业农民工样本[J]. 南京农业大学学报，2013（9）.

[11] 陶欣，等. 农民工群体特征对其返乡创业过程影响的实证研究[J]. 农业技术经济，2012（6）.

[12] 杨秀丽. 乡村振兴战略下返乡农民工创新创业生态系统构建[J]. 经济体制改革，2019（4）.

[13] 淦未宇，徐细雄. 组织支持、社会资本与新生代农民工离职意愿[J]. 管理科学，2018（1）.

广西地级市楼宇经济评价与高质量发展政策建议

郑保力、潘若琦、杨凯娜 [2]

摘　要：楼宇经济是近年来中国城市经济发展中涌现的高级经济形态，发展楼宇
经济有利于自治区适应新常态转变经济发展方式，有利于促进自治区现代
服务业发展，有利于为自治区经济社会发展增添新动力。本文从楼宇经济
效益、楼宇发展规模、楼宇发展潜力三个维度构建楼宇经济评价统计体
系，科学评价全区楼宇经济发展水平。根据国内通行的楼宇经济发展三
阶段划分，南宁处于楼宇经济发展第二阶段，柳州、桂林、北海、玉林
四市处于楼宇经济发展第一阶段与第二阶段之间，其他城市楼宇经济发
展滞后。各市楼宇经济税收、楼宇保有量、商办楼宇销售量价、租金价
格等方面差异较大。最后，本文提出规划先行统筹谋划，完善楼宇服务
政策；完善楼宇统计体系，加强楼宇经济监测；优化增量盘活存量，加
快提升楼宇品质；突出特色发展，培育特色楼宇经济聚集区；创新楼宇
管理机制，激发创新转型活力等促进自治区楼宇经济高质量发展对策
建议。

关键词：楼宇经济；楼宇经济效益；楼宇发展规模；楼宇发展潜力；高质量发展

一、引言

　　楼宇经济是近年来中国城市经济发展中涌现的高级经济形态，是以商务楼、
功能性板块和区域性设施为主要载体，以开发、出租楼宇引进各种企业，以引
进税源、带动区域经济发展为目的，通过高密度集聚现代服务业与制造业商务
部分实现高经济效益。楼宇经济在过去若干年间快速发展，对区域经济和城市
经济发展的促进作用日益凸显，已经成为城市经济的重要组成部分。楼宇经济

2　郑保力，华蓝设计（集团）有限责任公司，交通规划研究院、教授级高级工程师；潘若琦，华蓝设计（集团）有限责任公司，交通规划研究院；杨凯娜，华蓝设计（集团）有限责任公司，交通规划研究院。

在集约利用资源、开拓发展空间、聚集经济要素、提高业态档次、扩大经济总量等方面日益发挥巨大作用。发展楼宇经济对自治区经济发展具有积极促进作用，主要体现在：一是有利于自治区适应新常态转变经济发展方式；二是有利于促进自治区现代服务业发展；三是有利于为我区经济社会发展增添新动力；四是有利于促进就业、优化人才就业结构。当前自治区正处在转变发展方式、优化经济结构、培育新增长动能的关键时期，同时也迎来打造建设西部陆海新通道、全面对接粤港澳大湾区发展、中国（广西）自由贸易试验区、面向东盟的金融开放门户等重大机遇。发展楼宇经济，以楼宇经济促进产业结构优化调整，以楼宇空间聚集优化产业空间布局，有利于提高经济运行质量，为增强区域经济实力提供有力支撑。

党的十九大报告指出"必须加快形成推动高质量发展的指标体系、政策体系、标准体系、统计体系、绩效评价、政绩考核，创建和完善制度环境，推动我国经济在实现高质量发展上不断取得新进展"，所以在全区楼宇经济发展上，应贯彻"十九大"报告精神，建立并不断完善楼宇经济评价统计体系，科学评价全区楼宇经济发展水平，把握当前全区各市楼宇经济发展态势、所处阶段、影响因素和优势短板，有助于针对性提出相应政策建议。

二、研究背景

（一）国内楼宇经济发展现状

国内楼宇经济发展历经三个重要阶段（表1）：楼宇经济1.0时代：楼宇经济发展早期，楼宇一般作为经济发展的硬件载体，业态及功能单一，主要满足商业及企业商务办公基本场地需求。楼宇的形态保守、品质要求不高，市场竞争处于早期阶段，市场供应不充分，以单楼宇之间的空间及价格竞争为主，与产业无明显关联性。楼宇经济2.0时代：楼宇经济快速发展过程中，集合办公、零售、酒店、公寓等多业态的综合体开发成为国内城市商业地产开发范本，并大规模铺开，从一、二线城市快速下沉至能级更低的城市，楼宇的建筑设计、外观形态、功能用途等不断提升进步。市场竞争突破空间竞争，演变为"空间+配套"的二元竞争模式。楼宇与经济的结合显著提升，各个业态逐步互补融合，产业、招商等经济活动层面日趋活跃。楼宇经济3.0时代：此阶段，楼宇经济实现上下游产业链的整合，在科技革新驱动下，楼宇已经变为一种能驱动经济增长的产业，楼宇经济的驱动因素从市场开发转向科技驱动，科技、共享、多元、绿色等趋势逐步融入楼宇经济。楼宇经济多产业的紧密融合，突破了楼宇作为经济的硬件载体的基本属性，对推动经济增长、增加财政税收、提高就业率等有积极促进作用。

国内楼宇经济发展阶段划分　　　　　　　　　　表1

阶段	第一阶段	第二阶段	第三阶段
时间段	1992～2002年	一线城市过去 15～20年 二线城市过去 5～10年	一线城市和部分先进 二线城市2018年起
经济背景	经济起步期	经济高速增长期	经济结构调整降速期
房地产市场背景	房屋商品化	商业地产规模化	商业地产科技化
与经济关系	相对独立	楼宇＋经济	楼宇经济＋
融合模式	相对独立	业态融合	上下游产业链融合
融合度	低	中	融为一体
市场焦点	单一业态开发	复合业态、综合体及区域开发	科技、共享、绿色、多元等新趋势
区位焦点	城市核心区	城市核心＋新区	城市多核心＋多新区＋近郊＋社区生态
竞争焦点	空间，单一维度竞争	空间＋配套，二元竞争	空间＋配套＋运营全方位竞争
发展机遇	先发优势	规模优势	科技优势

资料来源：戴德梁行。

（二）广西楼宇经济发展态势

近年来，各市逐渐重视发展楼宇经济，积极加快楼宇建设和加强楼宇招商工作，全区楼宇经济发展态势呈现以下特征：

首先，楼宇经济发展条件不断改善。第三产业是楼宇经济发展的内生动力，近年来全区第三产业加速发展为楼宇经济发展营造了良好发展环境。2019年增加值10771.97亿元，增长6.2%，保持稳定增速。其中，新兴服务业保持较快增长，互联网和相关服务营业收入同比增长50.4%，软件和信息技术服务业营业收入增长23.0%，1～11月规模以上战略性新兴服务业、高技术服务业营业收入同比分别增长7.9%和8.6%。

其次，部分重点城市和城区楼宇建设加速发展。2018年全区商办楼宇成交面积近300万m²，同比增10.5%，其中南宁市商办楼宇成交133.7万m²，为全区第一，柳州、防城港、北海、桂林成交面积靠前，钦州、北海和桂林三市商办楼宇成交活跃，同比增速均超百分之百。

第三，楼宇经济空间布局优化。区内重点城市商务楼宇开始呈现出"分布日益集中、规模日趋扩大、财政贡献率逐年提高"特征。南宁市青秀区通过服务、扶持和引导，推动辖区楼宇经济产业聚焦财税贡献，已经形成了楼宇经济品牌，区域内重点楼宇的财税贡献从2014年的19.07亿元提升到2017年的31.5亿元，占财政收入比重17%。青秀区有万余家企业进驻，重点楼宇商务面积约250万m²，入驻企业5600多家，包括20余家世界500强和近50家中国500强企业的区域总部或办事机构，亿元以上税收楼宇达10栋以上。

第四，重点市、区创新管理服务机制，助推楼宇经济加速发展。例如，以南宁市青秀区为代表，创新工作思路、创新工作模式，本着从服务着手，在辖区重点楼宇内开设了24小时自助办税服务终端机，为进驻楼宇的企业提供自助办税系统服务，极大地方便了楼宇各企业税务业务的办理，提高了办税效率，大大节约了纳税人的宝贵时间。桂林市积极为总部经济园引入如会计事务所、专利事务所、银行、投融资机构等专业服务机构，为企业提供"一站式"服务。重点城市的楼宇经济服务机制可为广西楼宇经济发展提供示范效应。

三、楼宇经济发展评价体系

（一）楼宇经济评价体系

本文从楼宇经济效益、楼宇发展规模、楼宇发展潜力三个维度，对全区各地市楼宇经济发展水平进行科学评估。楼宇经济效益主要考察楼宇经济对地区经济的促进作用，把握效益指标的当前状况是制定楼宇发展目标的关键依据之一，评价指标包括楼宇经济税收额、楼宇经济税收额占地区生产总值比重、楼宇经济产值额、楼宇经济产值额占地区生产总值比重、楼宇单位面积税收额。楼宇发展规模用于评估各地市楼宇建设发展水平，评价指标包括楼宇销售面积、楼宇销售均价、楼宇保有量、楼宇库存面积、楼宇吸纳周期。楼宇发展潜力用于评价各地未来楼宇发展的空间，商务楼宇发展与服务业、当前楼宇库存水平高度相关，服务业发展潜力通常与人口、收入水平等紧密相关，故楼宇发展潜力方面选择的指标包括地区常住人口数量、地区国内生产总值增速、人均地区国内生产总值、第三产业增加值占比、常住人口人均楼宇库存面积。

（二）楼宇经济评价数据处理

1. 数据标准化

由于各指标的度量单位、数量级不同，因此需对数据进行标准化处理，本文主要采用极差标准化方法，得到各指标的标准化得分：

$$y_{ij} = \frac{x_{ij} - \min\left(x_{ij}\right)}{\max\left(x_{ij}\right) - \min\left(x_{ij}\right)} \times 100$$

若x_{ij}为逆向指标，则

$$y_{ij} = \frac{\max\left(x_{ij}\right) - x_{ij}}{\max\left(x_{ij}\right) - \min\left(x_{ij}\right)} \times 100$$

2. 综合评价法

对各评价指标权重的确定，结合主观和客观赋权法，客观赋权方面本文使用因子分析和熵值法。因子分析法是用少数综合性新变量解释原变量方差的多元统计方法，本文中，根据各因子贡献度及因子载荷矩阵确定各指标权重。熵值法是用于判断某个指标离散程度的数学方法，离散程度越大，该指标对综合评价影响越大。根据各地市不同指标标准化得分及权重，最终加权得到各地市楼宇经济发展评价综合得分。各地市数据主要来自：自治区和各地市统计信息网，各地市统计年鉴、克而瑞信息集团CRIC房地产信息决策系统等。时间范围是2014～2018年。

四、全区14个地级市楼宇经济发展态势评价结果

通过构建楼宇经济发展评价体系，从楼宇经济效益、楼宇发展规模、楼宇发展潜力三个维度，对全区各市楼宇经济发展水平进行评估。南宁市楼宇经济

发展综合水平遥遥领先于其他城市，综合得分排序结果：南宁市、柳州市、桂林市、玉林市、北海市在全区楼宇经济发展中排前列。从全区楼宇经济发展态势评价结果看，当前全区楼宇经济发展存在较大差异，根据国内通行的楼宇经济发展三阶段划分，南宁处于楼宇经济发展第二阶段，柳州、桂林、北海、玉林四市处于楼宇经济发展第一阶段与第二阶段之间，其他城市楼宇经济发展滞后。各市楼宇经济税收、楼宇保有量、商办楼宇销售量价、租金价格等方面差异较大（图1～图3、表2）。

图 1　全区各市商办楼宇库存空间分布

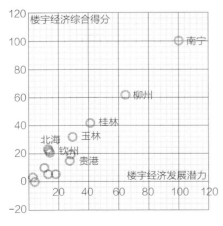

图 2　全区各市楼宇综合水平与楼宇经济
发展潜力关系

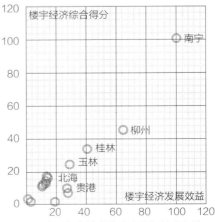

图 3　全区各市楼宇综合水平与楼宇经济
发展效益关系

全区楼宇经济发展水平评价综合得分　表2

序号	指标	楼宇发展综合评价得分	第三产业增加（亿元）	商办库存去化周期（月）
1	南宁市	100	2115	42.8
2	柳州市	65	1079	19.3
3	桂林市	41	871	70.6
4	玉林市	29	688	110.1
5	北海市	28	371	48.4
6	贵港市	27	423	50
7	防城港市	18	231	43.6
8	钦州市	14	450	90.4
9	梧州市	14	416	100.7
10	河池市	13	344	27.6
11	百色市	13	383	63.5
12	崇左市	10	328	42.8
13	贺州市	4	222	56.3
14	来宾市	3	254	72.9

　　分维度看，楼宇经济效益维度方面，南宁市、柳州市、桂林市、玉林市、贵港市排名全区前五，该维度主要考察楼宇经济对地区经济的促进作用，把握效益指标当前状况是制定楼宇发展目标的关键依据之一。楼宇发展规模方面，即各市楼宇建设发展水平方面，南宁市、柳州市、北海市、桂林市、防城港市五市全区靠前。楼宇发展潜力，即各市未来楼宇发展的空间方面，南宁市、柳州市、桂林市、玉林市、北海市全区靠前。

五、全区楼宇经济高质量发展若干政策建议

　　近年来，尽管自治区楼宇经济整体呈现持续、快速发展态势，部分重点城市楼宇经济发展势头较好，但仍存在较突出的问题：商办楼宇库存量仍然偏大、楼宇经济发展水平差异大、楼宇经济信息监测不足、楼宇经济发展规划和发展政策缺失、生产性服务业发展仍需提速助推楼宇经济发展、多数城市楼宇经济集聚区首位度不高、楼宇经济精准服务水平有待提升等。因此，建议从规划牵引、政策服务、楼宇监测、提升品质、以产兴楼、创新机制等方面，多管齐下

促进全区楼宇经济发展。

（一）规划先行统筹谋划，完善楼宇服务政策

强化规划牵引作用，加快出台楼宇经济服务政策。一是强化楼宇规划牵引作用。尽早出台全区层面楼宇经济发展规划，着力打造南宁市作为全区楼宇经济发展核心城市，以南宁、柳州、桂林、北海四市形成楼宇经济"中轴示范带"。加强规划宣传和引导力度，引导各设区市楼宇经济向特色化、品质化方向发展，提升楼宇经济整体水平。二是各设区市加紧编制落实楼宇经济发展实施方案。各设区市摸清楼宇经济发展现状，对楼宇经济发展作出合理规划布局。科学谋划楼宇经济的发展目标、发展思路、产业导向、空间布局和各楼宇功能区划分等指引，明确城市楼宇经济发展格局。三是完善楼宇解决服务政策。着力从确定楼宇经济效益奖励标准、确定购房租房补贴标准、物业管理提升、楼宇业主扶持、楼宇经营和改造扶持、特色楼宇扶持、政府服务提升等方面建立完善楼宇经济服务政策。提升政府在楼宇经济发展中的服务水平，包括服务角色、服务模式、服务手段，为楼宇企业、物业、业主提供便捷、个性化服务。充分发挥各设区市各职能部门、城区服务楼宇的基础作用，激发主动作为、服务楼宇经济发展的积极性。

（二）完善楼宇统计体系，加强楼宇经济监测

当前，以"数字经济、智能经济、绿色经济、创意经济、流量经济、共享经济、楼宇经济"为代表的新经济形态快速发展。以全区楼宇经济评价统计指标体系为切入点，推动建立面向新经济形态的监测和统计模式。统筹考虑新经济形态的发展特点，联合统计、工业与信息化、发展改革、税务、住建等职能部门，加紧研究构建全区楼宇经济评价统计指标体系，构建"自治区-市-县"楼宇经济统计网络，推动建立新经济形态监测和统计模式，形成楼宇经济政务、企业数据交换机制，形成楼宇经济数据共享机制，为其他新经济模式统计提供可复制的经验。全面采集全区各设区市楼宇基础数据，含楼宇基础数据指标、入驻企业基础数据指标、楼宇环境基础数据指标；楼宇经济基础数据，含楼宇总量指标、楼宇结构指标；楼宇经济效益特征数据，含楼宇税收、企业收入、

吸纳从业人数、平均租金、平均空置率；楼宇经济行业划分标准等。从楼宇经济效益、楼宇发展规模、楼宇发展潜力等维度，对全区各设区市、重点城区楼宇经济发展水平进行科学评估，定期更新追踪全区楼宇经济发展变化。

（三）优化增量盘活存量，加快提升楼宇品质

全区商办楼宇库存量仍然较大，根据克而瑞房地产市场顾问系统数据显示，全区商办楼宇库存面积消化周期近60个月，没有新增供应情况下，需要近5年时间才能被市场吸纳完毕。因此，首先应严格筛选，优化增量。对商办楼宇库存量较大的市，控制新建商业、办公楼宇项目数量，楼宇项目须符合城市产业发展导向，引导项目建设用地转型使用，用于国家支持的战略性新兴产业、文旅康养产业、文化教育产业、体育产业、众创空间等项目用途开发。优先审批符合产业导向、绑定产业战略合作伙伴的楼宇开发项目，限制以产业开发名义进行房地产开发。其次，摸清家底，盘活存量。在全面摸排存量楼宇资源的基础上，对各楼宇基础信息进行系统梳理。定期向社会公布存量楼宇招租政策、产业导向、准入要求和招商信息。支持老旧楼宇升级改造，对功能落后的楼宇实施硬件设施改造，提高楼宇数字化水平，打造一批优质专业楼宇。第三，提升存量楼宇品质。根据城市能级，因地制宜制订出台相应的"楼宇经济功能标准体系"，打造一批功能性楼宇、特色楼宇、品质商务楼宇。优化楼宇配套，提升周边环境。对楼宇内部硬件设施和外部形象实施改造提升，提升楼宇智能化、信息化水平，加快楼宇周边公共交通、停车场等公建设施的建设，打通楼宇间、载体平台间动态交通，加速楼宇人流、物流、信息流。

（四）突出特色发展，培育特色楼宇经济聚集区

生产性服务业和工业制造业商务部分是楼宇经济发展的内生动力，应紧紧围绕各市两业重点产业布局发展具有各市特色的楼宇经济。首先，强化楼宇经济发展中的产业引导作用。各市坚持"以产兴楼"打造楼宇经济聚集区，围绕全区产业规划、当地产业导向和特色产业，编制产业和企业图谱，梳理本地产业、创建各产业国内重点企业名录库，按规模、影响力、发展潜力圈定目标，分类列出龙头企业、实力企业、潜力企业，通过分析企业业务范围、发展历程，

对照已落户本地的同类企业名单，查缺补漏，挖掘出一批发展势头良好、潜在落户可能性大的企业名单，主动出击上门招商，做好地方主导产业和特色产业。其次，立足楼宇空间布局和业态分布现状，明确全市各区域范围内楼宇的功能、业态定位，各设区市编制楼宇经济发展规划明确楼宇经济总体格局、业态布局、楼宇空间布局，促进空间资源优化整合，形成若干专业楼宇经济发展圈（带）。各市选取楼宇经济发展最发达的城区，着力优化楼宇经济产业布局、空间布局、服务机制、发展环境、品牌打造等，做强楼宇资源首位度，形成楼宇经济示范效应。楼宇经济示范区重点加强特色产业植入、重点特色楼宇培育、楼宇内优质企业服务、楼宇示范区公共服务等工作。

（五）创新楼宇管理机制，激发创新转型活力

首先，加强楼宇经济组织领导保障。建议各市各相关部门组成"楼宇经济发展联席会议"，联席会议总召集人由分管常务副市长担任，成员单位包括发展改革委、大数据发展、投资促进、商务、自然资源、住建、财政、统计、税务、各城区政府、开发区管委会，联席会议负责全市楼宇经济发展有关工作的组织协调和监督指导，研究、协调和解决楼宇经济发展过程中的重大问题。其次，推动楼宇孵化创新和融资创新。大力引进众创机构，聚集创新创业人才、资金、信息等要素，引导和扶持有条件的楼宇向众创空间转变，孵化培育一批初创型、科技型企业，形成楼宇孵化生态链。为发展潜力大的创新创业项目提供创业资金、指导、咨询等一系列服务，提高企业成活率与成功率，充分发挥优秀企业与人才在各领域内的创业示范带头作用。拓展传统以银行贷款和非标融资为主的融资方式，对符合各设区市产业发展定位、属于创新业态、重点发展的特色楼宇，处于新建、在建、更新和运营阶段，探索引入商务楼宇资产证券化和REITs，优化资本结构、保障项目资金安全、降低资金成本。第三，搭建专业服务平台。自治区层面组建"广西壮族自治区楼宇经济发展促进协会"，以房地产开发企业、重要商务楼宇业主、商业运营企业、物业管理企业、地产咨询代理企业等专业服务机构为促进会主要会员。

参考文献

[1]　广西壮族自治区统计局. 广西统计年鉴2019年[M]. 2020.

[2]　广西壮族自治区统计局. 广西统计年鉴2018年[M]. 2019.

[3]　屈志强. 楼宇经济分析[M]. 北京：中国市场出版社，2017.

[4]　夏效鸿. 中国楼宇经济发展报告（2017）[M]. 北京：经济日报出版社，2017.

[5]　广西现代服务业发展"十三五"规划[Z].

[6]　广西数字经济发展规划（2018—2025 年）[Z].

[7]　广西现代服务业集聚区发展规划（2015—2020年）[Z].

西江经济带城乡融合促进乡村振兴路径研究：主体功能区视角

叶允最、刘俊杰

摘　要：基于主体功能区视角，构建西江经济带重点开发区和优化开发区城乡融合综
　　　　合评价指标体系，综合运用耦合协调度模型、非参数核密度估计以及因子分
　　　　析法研究了西江经济带两个主体功能区城乡融合发展的水平、动态演进趋势
　　　　及其动力因素。结果表明：从总体发展水平上看，西江经济带重点开发区城
　　　　乡融合水平呈较快提升趋势，但空间异质性显著，其中市辖区城乡融合发展
　　　　明显较快，而限制开发区城乡融合水平普遍较低；从动态演进趋势上看，重
　　　　点开发区城乡融合发展出现微弱的多级分化现象，而限制开发区内部的发展
　　　　差距呈"扩大—缩小—扩大"的波动发展态势，但多极化发展趋势得到缓解；
　　　　从动力因素来看，重点开发区城乡融合主要受城镇化水平、工业发展水平以
　　　　及公共服务等因子影响，而限制开发区的城乡融合受农村固定资产投资、第
　　　　一产业从业人员比重以及第一产业产值比重等因素的影响。
关键词：主体功能区；西江经济带；城乡融合；乡村振兴

一、引　言

　　进入新时代后，人民日益增长的美好生活需要和不平衡、不充分发展之间的矛盾在城乡关系中集中表现为城乡发展的不平衡、不协调。城乡二元结构仍然是现阶段阻碍我国经济社会发展提质增效、全面转型升级和高质量发展的重要因素。为此，党的十九大明确提出了实施乡村振兴战略，建立健全城乡融合发展体制机制和政策体系。乡村振兴战略的实施是对改革开放以来城市优先的非均衡性区域发展战略思维的纠正（张英男等，2019），也是破解乡村发展困境、实现城乡融合发展的内在要求（王颂吉、魏后凯，2019）。主体功能区是依据不同区域的资源环境承载能力、现有开发强度和发展潜力，对国土空间进行的开发类型划分，因此不同主体功能区内城乡融合发展的路径选择也会不同。

2012年国务院批复了《广西西江经济带发展总体规划》，此外2014年7月国务院又通过了《珠江—西江经济带发展规划》，将珠江—西江经济带的发展上升为国家战略，可见西江经济带在广西经济社会发展中的战略地位尤为突出。西江经济带内不同地区间的生态环境承载力、现有开发力度和发展潜力空间差异显著，因此必须按照形成主体功能区的要求对西江经济带进行有序开发，强化全流域生态建设和环境保护，推动流域可持续发展。同时，经济带内不同区域间以及同一区域的不同发展阶段，城乡融合发展机制路径也不尽相同。因此，在主体功能区视角下探讨西江经济带内不同主体功能区城乡融合现状、机制路径，建立契合各类主体功能区主体功能的城乡融合推进机制，对引导各地区根据自身功能定位推进城乡有序融合发展，加快推进乡村振兴步伐意义重大。

二、文献综述

国外学者对城乡关系问题的研究起步较早，如霍华德（1946）阐述了城乡发展空间结构变迁的规律及动力，提出了重构新型城乡社会组织形态的"城市—乡村磁铁"思想。随后，刘易斯·芒福德（Lewis Mumford）在霍华德思想的基础上强调以城区为主导的城乡平衡协调发展模式。马克思提出了"乡村城市化理论"和"城乡融合"的概念，并强调城乡融合是人类历史发展的必然趋势。随着城乡关系的演化发展，刘易斯（1954）提出了"城乡二元经济模型"。费景汉、拉尼斯和乔根森（1961）对二元结构理论进行了批判与完善，构建了"费景汉—拉尼斯"二元经济结构模型，强调通过工业化进程带动农业生产率的同步提高，转移农业剩余劳动力和释放劳动，逐渐消除二元结构。Delfmann H.和Koster S.（2014）通过公司成立与人口结构变动考察城乡关系的演变规律，认为新公司的形成与人口结构变动有利于农村地区发展而不利于城市地区发展。Aurora C.Rossella G.和Davide M.（2014）在大都市发展框架下探讨意大利罗马省农村与城市的内在联系。Karlheinz（2018）等重新审视了农业发展与现代化的关系，强调现代化进程的推进离不开农业的发展和农村的振兴。

近年来，随着我国城乡关系的变革与转型，国内学者对城乡融合进行了广泛而深入的研究，主要集中在以下几个方面：一是对城乡融合内涵的多视角诠释与实现路径探索。如张克俊、杜婵（2019）、李建建、许彩玲（2019）等认为城乡融合发展是开放环境下的城乡要素畅通流动、功能互补及生产、生活方式一体化的城乡两极交融发展过程。王国勇（2019）、李蒙蒙（2019）从城乡基础设施建设及公共服务均等化、城乡空间结构以及户籍制度与土地制度改革等方面提出推进城乡融合发展路径。二是城乡融合的动力机制与影响因素。如，刘彦随（2018）认为实施乡村振兴战略是直面当前普遍存在的严峻的"乡村病"问题和"三农"问题的对症药，城乡融合与乡村振兴的对象是一个多元要素的综合系统，而乡村振兴的重点在于推进城乡融合系统的优化重构。杨仪青（2018）从城乡融合的角度探讨了我国实施乡村振兴发展的路径选择：推进城乡基础设施和公共服务一体化、城乡产业联动、推进乡村生态文明以及乡村文化振兴。而周凯、宋兰旗（2018）、杨新华（2015）、石清华（2018）等则认为经济、社会、文化、生态、人口、资金、政策等多方面的差异和矛盾是推进城乡融合发展的主要动力。三是城乡融合的定量评价。如张国平（2014）等采用层次分析法，对我国不同省份和不同市的城乡一体化发展所处的阶段、城乡融合发展水平以及与城市综合发展的一致性进行了分析评价；周江燕（2014）采用两步全局主成分分析法对我国城乡一体化发展水平进行了测度，并指出我国城乡一体化发展水平自东向西逐步递减的空间分布格局；王浩晖（2016）利用熵值法、综合评价法并借助耦合关联度模型，从城乡一体化与商业发展耦合关联度的视角对我国民族地区城乡融合的发展水平进行评价；蔡轶（2016）运用数据包络分析法（DEA）与标杆管理理论相结合的方法，测度了湖北省80个县的城乡融合发展效率。

主体功能区是综合考虑区域资源环境承载力、现有开发密度和发展潜力，按区域分工和协调发展原则划定的具有某种主体功能的区域，是解决我国区域发展无序的重大战略抉择。"十一五"规划提出主体功能区的战略构想以来，我国学者对主体功能区进行了多视角研究，主要包括：一是主体功能区的概念。如樊杰（2007）认为主体功能区是"开发"与"保护"双重功能的复合体，它是区域发展空间均衡形成的特定功能区域，因此不同的主体功能区应当按照不同主体功能明确其功能定位，并需要对应的法律和政策规划保证实施。Fan Jie、Tao Anjun（2010）提出，主体功能区突破行政区界限的空间结构的特点，使国土开发战略可以跨越行政区进行，不仅表达了国家整体协调发展的愿望，也将全国表达为多层次、多类别区域有机整合的统一体系。二是主体功能区的形成机理及规划。俞勇军（2014）提出的逐级分摊、层层汇总和相互校核的三种划分思路，与区域统筹发展的基本观点十分接近。牛文元（2015）依据区域空间结构合理度的定量计算，从国土基础安全保障的角度提出国家层面要构筑三个主体功能区。三是实现主体功能区的制度安排。孟召宜、朱传耿（2017）认为主体功能区管治具有目标上的多元统一性、政策与机制的配套性、手段与目标的一体性、主体的模糊性、层次上的多级交错性等管治特征，并探讨了"分类行政""复合行政"的可行性。邓玲、杜黎明（2018）讨论政府管理政策的同质性对具有差异区域的政策供给平衡主张以协调来促使国土空间开发利用符合主体功能区规划目标。

综上可知，国内外学者对城乡一体化和主体功能区的广泛而深入的研究对指导我国城乡融合发展的实践具有重要裨益，同时也为本文探讨不同主体功能区下西江经济带城乡融合路径提供了良好基础，但仍有改进提升的空间。首先，现有研究主要是以行政区划为基本研究单元，忽视了不同区域生态承载能力、现有开发力度和发展潜力等方面的差异，且忽视区域空间功能定位，从而难以提出具有针对性的区域发展政策和绩效考核评价体系，弱化了区域调控力度。其次，多数研究只是通过构建指标体系对城乡融合进行静态评价，而鲜有考察其动态演进过程。因此，本文以主体功能区为研究尺度，借助熵值法、耦合协调度模型及主成分分析法等对西江经济带城乡融合发展的现状、动态演进规律以及驱动因素等进行研究，并提出契合主体功能的乡村振兴和城乡融合路径。

三、评价体系与研究方法

（一）评价指标体系构建

按照科学性、完整性和可操作性原则，借鉴相关研究成果（赵德起、陈娜，2019；周佳宁等，2019），并参照中国新型城市化指标体系、中国小康社会建设评估指标体系以及《国家新型城镇化规划》中的新型城镇化建设相关指标，分别构建西江经济带重点开发区城乡融合评价指标体系和限制开发区城乡融合评价指标体系。其中，重点开发区是推进工业化和城镇化的重点区域，本文通过规模以上工业总产值占GDP比重、单位规模以上工业总产值能耗、常住人口城镇化率和全社会固定资产投资比重等指标突出城镇化、工业化的主体功能。限制开发区的主体功能定位是农业产品提供和粮食安全保障，因此通过耕地产出率、农业劳动生产率、农林牧副渔总产值比重、人均粮食产量以及单位粮食产量耗电量等指标突出提供农产品和生态产品的主体功能。具体如表1所示。

西江经济带重点开发区与限制开发区城乡融合评价指标体系　表1

目标层	系统层	指标层	
		重点开发区	限制开发区
城乡融合度	城乡经济发展	人均GDP	人均GDP
		社会消费品零售总额占GDP比重	社会消费品零售总额比重
		规模以上工业总产值占GDP比重	第一产业从业人员比重
		规模以上工业产值能耗	农林牧副渔总产值比重
		二、三产业产值比重	人均农作物播种面积
		人均实际利用外资	人均粮食总产量
		固定资产投资占GDP比重	单位粮食耗电量
	城乡社会发展	国际互联网接入户数	城乡居民收入比
		人均邮电业务量	国际互联网接入户数
		常住人口城镇化率	人均邮电业务量
		城乡人均生活用品消费支出比	城乡人均衣着消费支出比
		城乡教育文化和娱乐消费支出比	城乡人均居住消费支出比
	城乡基础设施和公共服务	每万人拥有卫生技术人员数	每万人拥有卫生技术人员数
		每万人拥有卫生机构床位数	每万人拥有卫生机构床位数
		每万人拥有中小学专任教师数	每万人拥有中小学教师数
		城乡养老保险参与人数比	城乡养老保险参与人数比
		城乡医疗保险参与人数比	城乡医疗保险参与人数比
		城乡失业保险参与人数比	城乡失业保险参与人数比

（二）研究方法

1. 熵值法

熵值法是一种根据样本数据自身携带信息大小确定变量对系统影响程度的客观赋权法，可有效避免赋权过程的主观性、随意性，使计算结果更客观、可靠。熵值越小说明指标系统越混乱，携带的信息量越少，反之则说明系统越有序，携带的信息量越多。因此，本文采用熵值法对广西西江经济带城乡融合与乡村振兴水平进行综合评价，计算过程如下：

第一，数据的标准化处理。在有m个样本量和n项指标的数据矩阵中，各项指标数据的内涵、性质特征及计量单位均不同，因此需要对其进行标准化处理：

收益性指标的标准化方式为：

$$X_{ij} = \frac{x_{ij} - x_{\min}}{x_{\max} - x_{\min}}$$

成本性指标的标准化方式为：

$$X_{ij} = \frac{x_{\max} - x_{ij}}{x_{\max} - x_{\min}}$$

第二，计算第j项指标的信息熵：

$$E_j = -k \sum_{i=1}^{m} y_{ij} \ln y_{ij}$$

其中，$y_{ij} = X_{ij} \Big/ \sum_{i=1}^{m} X_{ij}$，$k = (\ln m)^{-1}$。

第三，计算第j项指标权重：

$$W_j = \frac{1 - E_j}{n - \sum_{j=1}^{n} E_j}$$

第四，计算第i个样本的评价得分：

$$S_{ij} = W_j \times X_{ij}$$

2. 耦合协调度模型

耦合协调度模型引入了物理学中反映子系统相互作用强度的耦合概念（李虹等，2019），经修正完善后主要用于刻画区域经济系统中各子系统耦合协调发展水平和互动状态（贺玉德，2019）。为了准确刻画广西西江经济带不同主体功能区城乡融合与乡村振兴之间相互依赖、协调与促进关系的强弱，本文借鉴钱赛楠（2019）、周嘉（2018）的研究成果，构造如下耦合协调度模型：

（1）假设w_j和v_j分别表示广西西江经济带城乡融合与乡村振兴评价指标体系中第j项指标的权重，其数值通过熵值法算得。城乡融合与乡村振兴系统中指标的综合贡献模型分别为：

$$uri = \sum_{j=1}^{n} w_j \times uri_j \ ; \ \ rural = \sum_{j=1}^{n} v_j \times rural_j$$

（2）综合发展指数（T）主要用以反映城乡融合子系统与乡村振兴子系统的综合发展水平，其计算公式如下：

$$T = \alpha \times uri + \beta \times rural$$

其中，α、β待定权重系数，本文将城乡融合子系统与乡村振兴子系统视作同等重要，因此取$\alpha=\beta=1/2$。

（3）城乡融合与乡村振兴的系统耦合关联指数（C）的计算公式如下：

$$C = \left\{ \frac{uri \times rural}{[(uri+rural)/2]^2} \right\}^k$$

其中，k为调整系数，且要求$k \geq 2$，由于本研究仅涉及城乡融合与乡村振兴两个指标体系，因此在此取$k=2$。

（4）城乡融合与乡村振兴的系统协调发展指数（D）的计算公式如下：

$$D = \sqrt{T \cdot C}$$

同时，借鉴李裕瑞（2014）、肖黎明（2019）以及钱赛楠（2019）等学者的做法，将协调发展指数（D）划分为6个等级：严重失调（0,0.30]、轻度失调（0.30,0.40]、濒临失调（0.40,0.50]、初步协调（0.50,0.70]、良好协调（0.70,0.90]和优质协调（0.90,1]。

3. 因子分析法

因子分析法是一种利用少数不相关的新变量代替原来庞杂变量，并能够尽可能地保留原来变量所反映的信息，从而使复杂问题简单化的降维方法。本文采用因子分析法识别西江经济带不同主体功能区城乡融合发展的主要驱动因素。计算步骤如下：

（1）计算相关系数矩阵。其计算公式如下：

$$r_{ij} = \frac{\frac{1}{N}\sum_a (x_{ai}-\bar{x}_i)(x_{aj}-\bar{x}_j)}{\sigma_i \sigma_j} = \frac{1}{N}\sum_A x_{ai}^* x_{aj}^*$$

（2）计算因子贡献率$\lambda_k \big/ \sum_i^p \lambda_i$和累计贡献率$\sum_{j=1}^k \left(\lambda_k \big/ \sum_i^p \lambda_i\right)$。一般取累计贡献率达85%～95%的特征值$\lambda_1$，$\lambda_2$，$\cdots$，$\lambda_m$（$m \leq p$）对应的主成分。

（3）计算主成分载荷：$l_{ij} = p(Z_k, l_i) = \sqrt{\lambda_k l_{ki}}$，其中$i=1$，2，$\cdots$，$p$；$k=1,2$，$\cdots$，$m$。

$$\begin{cases} Z_1 = l_{11}x_1^* + l_{12}x_2^* + \cdots + l_{1p}x_p^* \\ Z_1 = l_{21}x_1^* + l_{22}x_2^* + \cdots + l_{2p}x_p^* \\ Z_1 = l_{m1}x_1^* + l_{m2}x_2^* + \cdots + l_{mp}x_p^* \end{cases}$$

（4）计算主成分得分：根据 得出各主成分
的得分值。

（三）研究范围与数据说明

根据《广西壮族自治区主体功能区规划》和《全国主体功能区规划》，广西西江经济带7个地级城市中的国家级或者自治区级重点开发区主要包括各市的市辖区以及横县、柳江县、鹿寨县、岑溪市、田阳县、平果县、合山市以及凭祥市等县域区域，而限制开发区主要分布于经济带内的各县及桂平市等区域。因此，本文以广西西江经济带7个地级市内所有国家级和自治区级重点开发区、限制开发区为研究对象，共有待定县区市为研究单元。具体如表2所示。

广西西江经济带重点开发区与限制开发区分布情况　　表2

城市	重点开发区		限制开发区	
	国家级	自治区级	国家级	自治区级
南宁市	兴宁区、青秀区、江南区、西乡塘区、良庆区、邕宁区、横县	—	上林县、马山县	宾阳县、隆安县、武鸣区
柳州市	—	城中区、鱼峰区、柳南区、柳北区、柳江县、鹿寨县	三江县、融水县	柳城县、融安县
梧州市	—	万秀区、龙圩区、长洲区、岑溪市	—	蒙山县、苍梧县、藤县
贵港市	—	港北区、港南区、覃塘区	—	平南县、桂平市
百色市	—	右江区、田阳县、平果县	凌云县、乐业县	德保县、靖西县、那坡县、西林县、田林县、田东县、隆林县
来宾市	—	兴宾区、合山市	忻城县	金秀县、象州县、武宣县
崇左市	—	江州区、凭祥市	天等县	扶绥县、大新县、宁明县、龙州县

所用数据均来源于2007～2018年的《广西统计年鉴》和《中国城市统计年鉴》，以及各市历年《国民经济和社会发展统计公报》，对于个别缺失数据用插值法补齐。为消除价格波动的影响，对相关价值变量均采用相应年份的GDP平减指数进行缩胀，并折算为以2006年为基期的可比数据。同时，由于单一市辖区的相关统计数据严重缺乏，因此为了保证研究数据的可得性、连贯性及研究的可行性，本文将各市中作为重点开发区的市辖区作为一个研究单元进行测度，统称市辖区。

四、西江经济带城乡融合测度结果与分析

通过评价指标的相关数据，运用熵值法确定各指标权重后，可得到广西西江经济带重点开发区城乡融合指数及限制开发区城乡融合指数，具体如表3和表4所示。

（一）重点开发区

根据表3可以看出，2005～2017年西江经济带重点开发区城乡融合水平呈现出较快的提升趋势，平均水平由2005年的0.276提升至2017年的0.594，提升幅度为0.318，说明西江经济带重点开发区的城乡关系正朝着不断耦合协调发展的方向前进，原因在于这优化了城乡结构，注重激发城乡要素畅通流动和推进城乡基础社会和公共服务均等进程。但从整体发展水平上看，各重点开发区的城乡融合发展也呈现出显著的空间异质性，主要体现为重点开发区中市辖区的城乡融合水平整体上高于其他县市的城乡融合水平。其中，发展水平较高的是南宁市市辖区和柳州市市辖区，发展指数在2017年分别达到0.813和0.764，名列西江经济带重点开发区中城乡融合发展的前茅。发展相对滞后的是凭祥市，2017年其城乡融合指数仍低于0.5，同时横县、柳江县、鹿寨县、岑溪市、田阳县、平果县以及合山市等重点开发区域在2017年的城乡融合指数均低于平均水平，这可能是因为这些地区的城乡经济基础相对薄弱，工业化水平较低，在加快推进城镇化和工业化进程中，片面追求经济的快速发展而忽视对城乡生活质量的改善及城乡公共服务、基础设施一体化推进，导致城乡关系发展的不协调。

西江经济带重点开发区城乡融合测算结果　　表 3

	2005 年	2007 年	2009 年	2011 年	2013 年	2015 年	2017 年
南宁市市辖区	0.594	0.645	0.712	0.742	0.774	0.802	0.813
柳州市市辖区	0.431	0.486	0.537	0.602	0.712	0.746	0.764
梧州市市辖区	0.334	0.398	0.452	0.511	0.552	0.567	0.641
贵港市市辖区	0.311	0.401	0.451	0.544	0.603	0.647	0.682
百色市市辖区	0.204	0.341	0.387	0.446	0.491	0.537	0.631
来宾市市辖区	0.276	0.304	0.376	0.431	0.467	0.501	0.686
崇左市市辖区	0.331	0.388	0.406	0.443	0.511	0.564	0.633
横县	0.211	0.276	0.301	0.334	0.376	0.441	0.517
柳江县	0.201	0.276	0.302	0.364	0.423	0.474	0.511
鹿寨县	0.241	0.311	0.341	0.414	0.431	0.501	0.523
岑溪市	0.187	0.246	0.281	0.341	0.384	0.478	0.501
田阳县	0.214	0.253	0.321	0.364	0.412	0.464	0.512
平果县	0.228	0.283	0.311	0.386	0.41	0.463	0.521
合山市	0.176	0.234	0.281	0.324	0.382	0.443	0.517
凭祥市	0.211	0.267	0.312	0.364	0.413	0.446	0.468
平均值	0.276	0.340	0.384	0.441	0.489	0.538	0.594

注：由于篇幅所限，此处仅列出部分年份的测算结果。

（二）限制开发区

从表4的测算结果可以看出，2005～2017年广西西江经济带限制开发区城乡融合发展水平整体上呈现出稳步提升态势，其总体平均水平由2005年的0.172提升至2017年的0.556，说明近年来西江经济带限制开发区城乡关系趋于向好的发展局面。2005年各限制开发区城乡融合水平普遍较低，基本上处于失调状态，柳城县、武鸣区和金秀县协调程度相对较高，而平南县、三江县、忻城县、天等县、靖西市和西林县等地区的城乡融合水平相对较低，其中西林县的城乡融合水平最低，仅为0.163，处于严重失调状态。到2017年，柳城县和武鸣区的城乡融合水平均达到0.7以上，同时在其他县市中除了西林县、靖西市、隆林县、龙州县、那坡县和金秀县之外，它们的城乡融合度均达到0.5以上，进入了城乡基本协调发展阶段。从各县区历年城乡融合度的平均水平及排名上看，位于前5名的分别是柳城县、武鸣区、宾阳县、隆安县和藤县，其中武鸣区和柳城县的平均数相对较高，分别为0.559和0.547，均达到0.5以上，说明这些地区在发挥为社会提供农产品和生态产品主体功能中，有效推进了城乡关系的协调发展，原因在于这些地区均是广西重要的农产品主产区域，农业经济发展较快，城乡经济发展水平相对较高，一定程度上促进了城乡融合发展。但值得注意的是，其与重点功能区城乡融合发展水平相比依然存在较大差距。从提升速度上看，近年来城乡融合度提升速度较快的县区是武鸣区、天等县和平南县，提升幅度分别是0.369、0.425和0.413，说明这些地区在推进乡村振兴和城乡融合方面取得了显著成效。

西江经济带限制开发区城乡融合测算结果　　　　　表4

	2005 年	2007 年	2009 年	2011 年	2013 年	2015 年	2017 年	均值	均值排名
柳城县	0.385	0.464	0.553	0.567	0.612	0.632	0.701	0.559	1
武鸣区	0.404	0.401	0.467	0.535	0.612	0.643	0.773	0.547	2
宾阳县	0.312	0.347	0.442	0.514	0.557	0.621	0.647	0.491	3
隆安县	0.214	0.347	0.461	0.503	0.534	0.614	0.654	0.475	4
藤县	0.332	0.367	0.417	0.446	0.524	0.558	0.621	0.466	5
武宣县	0.312	0.347	0.413	0.467	0.524	0.563	0.558	0.455	6
马山县	0.312	0.341	0.41	0.434	0.471	0.564	0.601	0.448	7
乐业县	0.323	0.384	0.424	0.467	0.496	0.531	0.507	0.447	8
蒙山县	0.216	0.337	0.418	0.447	0.486	0.531	0.571	0.429	9
融安县	0.203	0.354	0.396	0.421	0.486	0.523	0.574	0.422	10
融水县	0.224	0.376	0.403	0.446	0.483	0.501	0.512	0.421	11
象州县	0.234	0.297	0.353	0.402	0.467	0.542	0.613	0.415	12
桂平县	0.212	0.267	0.374	0.423	0.483	0.514	0.562	0.405	13
金秀县	0.341	0.313	0.354	0.383	0.442	0.458	0.484	0.397	14
苍梧县	0.213	0.276	0.341	0.386	0.432	0.553	0.562	0.395	15
扶绥县	0.243	0.286	0.304	0.374	0.442	0.524	0.574	0.393	16
上林县	0.221	0.278	0.314	0.386	0.447	0.521	0.576	0.392	17
平南县	0.198	0.246	0.312	0.376	0.441	0.557	0.611	0.392	18
忻城县	0.187	0.262	0.234	0.442	0.493	0.522	0.543	0.381	19
三江县	0.194	0.276	0.334	0.387	0.445	0.502	0.543	0.383	20
田林县	0.226	0.267	0.348	0.332	0.446	0.531	0.521	0.382	21

续表

	2005 年	2007 年	2009 年	2011 年	2013 年	2015 年	2017 年	均值	均值排名
大新县	0.224	0.287	0.321	0.364	0.422	0.478	0.551	0.378	22
天等县	0.187	0.247	0.314	0.368	0.417	0.486	0.612	0.376	23
隆林县	0.226	0.264	0.363	0.421	0.459	0.423	0.453	0.373	24
宁明县	0.202	0.263	0.321	0.347	0.442	0.467	0.523	0.365	25
德宝县	0.203	0.274	0.211	0.357	0.412	0.463	0.514	0.362	26
田东县	0.187	0.267	0.305	0.353	0.426	0.448	0.512	0.354	27
凌云县	0.186	0.223	0.274	0.324	0.447	0.511	0.531	0.357	28
那坡县	0.221	0.256	0.284	0.321	0.367	0.428	0.467	0.335	29
西林县	0.163	0.248	0.353	0.347	0.355	0.397	0.432	0.328	30
龙州县	0.176	0.233	0.284	0.336	0.364	0.421	0.449	0.323	31
靖西市	0.172	0.212	0.267	0.314	0.367	0.414	0.431	0.311	32
平均值	0.237	0.300	0.358	0.406	0.463	0.514	0.556	–	–

注：由于篇幅所限，此处仅列出部分年份的测算结果。

五、广西西江经济带城乡融合动态演进特征

核密度估计（Kernel Density Estimation）是一种利用连续密度曲线刻画随机变量不均衡分布状态的非参数估计方法，其估计结果仅依赖于样本数据自身的分布特征而无需附加任何假定条件，具有良好的稳健性和可靠性，已经成为研究变量分布特征和动态演进趋势的重要工具。因此，本文利用非参数核密度估计方法分别考察广西西江经济带重点开发区和限制开发区城乡融合发展水平的时序动态演进趋势，借鉴参照侯孟阳和姚顺波（2018）、梁红艳（2018）的具体做法，分别以2005年、2009年、2013年和2017年作为观测时间截面，借助Eviews8.0软件进行测算，结果分别如图1和图2所示，其分布动态演进特征主要体现在以下几个方面：

首先，在考察时间截面上，西江经济带重点开发区和限制开发区城乡融合发展水平核密度分布曲线的中心均表现出显著的逐渐右移趋势，说明其城乡融合发展水平总体上表现出逐渐上升态势，这一特征与前文的描述基本吻合。其次，从城乡融合发展水平分布曲线的主峰状态来看，重点开发区城乡融合水平分布曲线的主峰峰值呈逐年下降的趋势，而且主峰的宽度也逐年在增大，说明

其城乡融合水平的绝对差距有逐步扩大的趋势；同时，限制开发区城乡融合水平分布曲线的主峰值呈现出"下降—上升—下降"的发展趋势，同时其主峰宽度也表现出"增大—缩小—增大"的特征，表明其城乡融合发展水平的绝对差距呈现出"扩大—缩小—扩大"的波动发展趋势。第三，从分布曲线的右拖尾情况上看，不管是重点开发区还是限制开发区的城乡融合水平分布曲线的右拖尾现象并不明显，表明两类开发区中城乡融合水平较高的城市与整个西江经济带城乡融合发展平均水平间的差距并不显著。第四，在考察时间内，重点开发区城乡融合发展分布曲线始终保持了一个主峰一个侧峰的发展状态，而且侧峰的峰值呈现出逐年提高的态势，说明重点开发区城乡融合发展水平出现微弱的多级分化现象，且有进一步强化的趋势；限制开发区中其主要由双峰向单峰状态发展，说明其城乡融合发展的多极化发展趋势在一定程度上得到了缓解，并最终实现单极化发展。

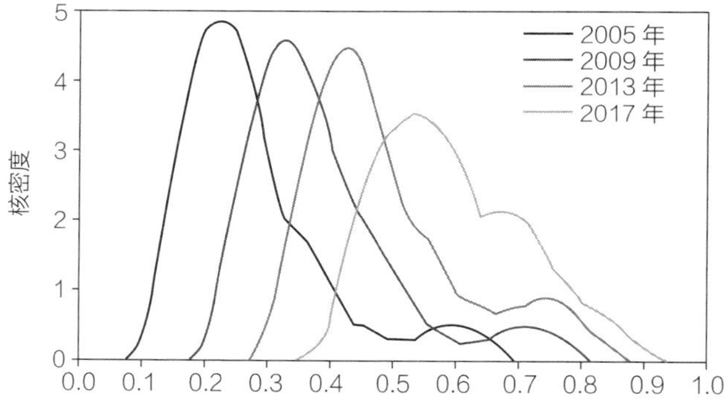

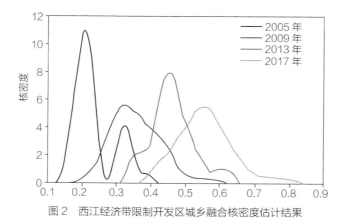

图 1　西江经济带重点开发区城乡融合核密度估计结果

图 2　西江经济带限制开发区城乡融合核密度估计结果

六、广西西江经济带城乡融合驱动因素分析

城乡融合发展是一个涉及经济、文化、社会、环境等诸多方面的多要素复合系统，因此需要借助降维工具识别其主要影响因素。因子分析法可以依托变量之间的内在关系，通过少数几个相关变量表征原来庞杂变量所涵盖的信息，并且能极大地保留原来变量系统所反映的信息，从而使复杂问题简单化。因此，本文采用因子分析法识别西江经济带重点开发区和限制开发区城乡融合发展的主要驱动因素。

本文通过SPSS25.0软件平台，分别对重点开发区城乡融合发展水平和限制开发区城乡融合发展水平进行了因子分析，计算得出的旋转成分矩阵分别如表5和表6所示。

从表5可以看出，第一公共因子在变量常住人口城镇化率、二、三产业产值占GDP比重、规模以上工业总产值占GDP比重以及固定资产投资总额占GDP比重的相关系数分别为0.9021、0.924、0.959、0.923，均达到0.9以上，且很接近于1，大于其他几个变量的系数，可以概括为城乡经济发展因子；第二因子在人均GDP、每万人拥有卫生技术人员数和每万人拥有卫生机构床位数的系数较大，分别为0.944、0.886、0.853，可称之为城乡公共服务发展因子；第三因子在每万人拥有中小学专任教师数的系数分别为0.835，可概括为城乡基础设施发展因子；第四因子在城乡居民人均食品消费支出比上的系数为0.422，高于同一因子的其他变量的系数，但是这个系数相对于其他因子的变量较低，称之为城乡生活发展因子。

由此可以看出，城乡经济发展因子中的变量二、三产业产值占GDP比重、常住人口城镇化率、规模以上工业总产值占GDP比重、GDP增长率以及固定资产投资总额占GDP比重、人均GDP，以及城乡公共服务发展因子中的变量每万人拥有卫生技术人员数和每万人拥有卫生机构床位数的系数较大，说明西江经济带重点开发区城乡融合发展的主要驱动力来源于城乡经济发展和城乡公共服务发展的推动，特别是城乡经济发展方面的推动作用相对显著。

西江经济带重点开发区城乡融合发展旋转成分矩阵　　表5

	成分			
	1	2	3	4
城乡基本医疗保险参与人数比	0.451	0.035	0.038	−0.093
城乡基本养老保险参与人数比	0.534	0.117	0.108	0.127
城乡失业保险参与人数比	0.269	0.06	0.014	0.036
常住人口城镇化率	0.9021	−0.26	−0.017	0.065
国际互联网接入户数	−0.099	0.286	0.017	0.141
二、三产业产值比重	0.924	−0.344	−0.119	0.1
人均GDP	0.043	0.944	0.016	0.164
每万人拥有卫生技术人员数	−0.158	0.886	−0.041	0.165
每万人拥有卫生机构床位数	−0.283	0.853	−0.025	−0.065
规模以上工业总产值占GDP比重	0.959	0.595	0.025	−0.079
每万人拥有中小学专任教师数	0.027	−0.029	0.835	0.19
城乡人均教育文化娱乐支出比	0.013	−0.196	−0.771	0.028
人均实际利用外资额	−0.131	−0.379	0.69	0.045
规模以上工业产值能耗	0.239	0.361	0.674	0.078
固定资产投资总额占GDP比重	0.923	−0.184	0.078	0.059
城乡居民人均食品支出比	−0.31	0.231	−0.365	0.422
人均邮电业务量	−0.317	−0.281	−0.071	0.063
社会消费品零售总额占GDP比重	−0.301	0.431	−0.169	0.019

由表6可知，第一公共因子在变量第一产业从业人员占比、城镇居民和农村居民人均收入比、农林牧副渔总产值占GDP比重以及人均粮食产量等的系数分别为0.809、0.802、0.918、0.902，其中农林牧副渔总产值占GDP比重以及人均粮食产量等变量的系数相对较高，且达到0.9以上，可以将其概括为城乡经济发展因子；第二因子在全社会固定资产投资、城乡人均衣着消费支出比、城乡人均消费支出比的系数较大，分别为0.822、0.824、0.761，可以将其概括为城乡社会发展因子；第三因子在城乡职工医疗保险参与率、人均邮电业务量以及城乡职工基本养老保险参与人数比中的系数分别为0.805、0.739和0.713，相对于第三因子中其他变量的系数要大，因此可以将它们提取出来概括为城乡社会保障发展因子；第四因子中，在社会消费品零售总额占GDP比重和单位面积粮食产量中的系数分别为0.688、0.505，可以概括为城乡社会生活因子，虽

然它们相对于第四因子中的其他变量的系数较大，但是系数的整体水平相对较低，说明其对城乡融合的显著性相对较差。

西江经济带限制开发区城乡融合发展旋转成分矩阵　　　表 6

	成分			
	1	2	3	4
第一产业从业人员占比	0.809	0.167	-0.14	-0.289
每万人拥有卫生技术人员数	0.402	-0.028	-0.044	0.066
每万人拥有卫生机构床位数	0.724	0.082	0.015	-0.01
国际互联网接入户数	-0.574	-0.392	0.259	-0.058
城乡人均衣着消费支出比	-0.012	0.824	-0.077	-0.084
城乡人均消费支出比	0.152	0.761	-0.213	0.121
城乡居民收入比	0.802	0.683	-0.045	0.059
城乡失业保险参与率	-0.499	-0.528	0.406	-0.125
城乡职工医疗保险参与率	-0.268	-0.114	0.805	-0.015
人均邮电业务量	-0.331	-0.314	0.739	0.018
人均农作物总播种面积	-0.426	-0.405	0.528	-0.296
人均 GDP	-0.087	-0.362	0.354	-0.692
农林牧副渔总产值比重	0.918	-0.169	0.19	0.069
单位面积粮食产量	-0.498	0.123	-0.254	0.505
单位粮食耗电量	0.025	-0.157	-0.008	-0.078
每万人拥有中小学专任教师数	-0.063	0.297	-0.019	0.206
城乡职工养老保险参与人数比	0.165	-0.055	0.713	-0.109
人均粮食产量	0.902	0.03	0.038	0.066

七、结论与对策建议

（一）主要结论

本文以主体功能区为视角，在分别构建西江经济带重点开发区和限制开发区城乡融合发展评价指标体系的基础上，综合运用熵值法、耦合协调度模型以及主成分分析法等实证模型对其城乡融合发展水平、动态演进趋势及其主要动因等进行分析。得出以下主要结论：

首先，从总体发展水平上看，西江经济带重点开发区城乡融合水平呈较快提升趋势，但空间异质性显著，其中市辖区城乡融合发展明显较快，而限制开发区城乡融合水平普遍较低。

其次，从动态演进趋势上看，重点开发区城乡融合发展出现微弱的多级分化现象，而限制开发区内部的发展差距呈"扩大—缩小—扩大"的波动发展态势，但多极化发展趋势得到缓解。

再次，从动力因素来看，重点开发区城乡融合主要受城镇化水平、工业发展水平以及公共服务等因子影响，而限制开发区的城乡融合受农村固定资产投资、第一产业从业人员比重以及第一产业产值比重等因素的影响。

（二）对策建议

1. 重点开发区

首先，打破城乡要素流动机制障碍，加快乡村振兴步伐。一方面，加快推进农村产权制度、户籍制度、社会保障制度等改革步伐；另一方面，在资金配置、财税政策、金融信贷、基础建设等方面要适度向乡镇建设倾斜，促进城镇化建设投融资主体多元化和城乡建设用地市场一体化，创新城镇化建设融资模式与拓宽融资渠道，逐步建立地方财力稳定增长、共同承担降低"市民化"成本、多元化可持续的资金保障的合理机制。

其次，创新驱动产业结构升级，促进城乡产业联动。一方面，通过兼并重组、嫁接改造等方式，推动钢铁、有色、建材、食品加工等传统优势产业做大做强，并在不断拉长产业链的同时，提高科技含量，提升产品附加值。另一方面，加快电子信息、高性能稀土新材料、锰基新材料、生物制药等战略性新型产业发展。同时，加快第三产业发展，加大对农村转移人口的职业技术能力培训力度，提高从业者职业技术水平，提高其职业胜任能力，优化就业结构，有效推动农村人口市民化。

2. 限制开发区

首先，发展特色农业，推动乡村产业振兴。围绕农业发展优势，打造具有地区特色的农业产品，发展特色农业，特别是那些能够大量吸收剩余劳动力，提升农民增收效应显著的特色产业。比如田阳县的芒果产业，横县的茉莉花产业，岑溪市的肉桂以及兴安县的柑橘等。同时，还可以依托已经形成的特色农业发展格局，将农业发展与旅游相结合，大力发展观光旅游业、休闲农庄、农家乐等。

其次，发展现代农业，提高农产品附加值。建立完善的农业技术研发和推广体系，满足精致农业发展对于新技术、新品种的要求；开发乡村民宿、观光农园、休闲农场、教育农园、市民农园、休闲牧场等旅游产品，发展精致农业生态游，同时搭载销售特色农产品；形成以合作组织为核心的公共服务体系，提供农业生产产前、产中、产后的系列化服务；建立共同运销的经营模式，设置严格的一元化农业管理体制，保证农民合作组织顺利发展。

最后，多元化农民增收渠道，缩小城乡差距。一方面，通过加强农民职业技能培训，建立劳务信息平台，发展订单式、定向型、委托式培训，切实提高农民工技能整体水平和就业竞争力。另一方面，统筹城乡劳动就业，逐步形成劳动者自由流动、自主择业、平等就业、同工同酬的城乡统一的劳动力市场体系，增加农民工资性收入。引导农民从事农产品深加工，创办家庭小作坊、小企业，兴办小型超市等服务业，培养一批"小业主""小老板"增加农民财产性收入。

参考文献

[1] Mumford L. The Culture of Cities [M]. Secker & Warburg, 1940.
[2] 邬巧飞. 马克思的城乡融合思想及其当代启示[J]. 科学社会主义，2014（4）：142-145.
[3] Kindleberger C. P. W. Artur Lewis Lecture：The Lewis Model of "Economic Growth with Unlimited Supplies of Labor" [J]. The Review of Black Political Economy，1988，16（3）：15-24.
[4] Owusu N. O., Baffour-Awuah B., Johnson F. A., et al. Examining Intersectoral Integration for Malaria Control Programmes in an Urban and a Rural District in Ghana：A Multinomial Multilevel Analysis[J]. International Journal of Integrated Care，2016，60（10）：784－788.
[5] Delfmann H. Koster S. New Firm Formation and Its Effect on Employment Growth in Declining Regions[J]. Accounting Horizons，2014，25（1）：127-147.
[6] Aurora C., Rossella G., Davide M., et al. The Local Agrifood Systems in Face of Changes in Urban Rural Relationship：The Foodscape of Rome[C]. European Ifsa Symposium，Farming Systems Facing Global Challenges：Capacities and Strategies，Proceedings，Berlin，Germany，1-4 April. 2014.
[7] 刘彦随. 中国新时代城乡融合与乡村振兴[J]. 地理学报，2018，73（4）：637-650.

[8]　杨仪青. 城乡融合视域下我国实现乡村振兴的路径选择[J]. 现代经济探讨，2018，438（6）：107-112.

[9]　张国平，籍艳丽. 区域城乡一体化水平的评价与分析——基于江苏的实证研究[J]. 南京社会科学，2014（11）：151-156.

[10]　周江燕，白永秀. 中国城乡发展一体化水平的时序变化与地区差异分析[J]. 中国工业经济，2014（2）：5-17.

[11]　王浩晖. 民族地区商业发展与城乡一体化水平耦合关联度评价[J]. 经济研究，2016（4）：210-212.

[12]　蔡轶，夏春萍. 县域城乡经济一体化发展效率比较研究——基于湖北省80个县域统计数据[J]. 农业技术经济，2016（1）：15-25.

[13]　樊杰. 我国主体功能区划的科学基础[J]. 地理学报，2007，62（4）：339-350.

[14]　Fan Jie，Tao Anjun，Ren Qing. On the Historical Background，Scientific Intentions，Goal Orientation，and Policy Framework of Major Function-Oriented Zone Planning in China[J]. Journal of Resources and Ecology，2010，1（4）：289-299.

[15]　俞勇军，陆玉麒. 江西省区域经济发展空间差异研究[J]. 人文地理，2014，19（3）：41-45.

[16]　牛文元，孙殿义，付允，等. 国家主体功能区的核心设计：构筑三条国家基础安全保障线[J]. 中国软科学，2008（7）：1-5.

[17]　孟召宜，朱传耿，渠爱雪. 主体功能区管治思路研究[J]. 经济问题探索，2017（9）：9-14.

[18]　邓玲，杜黎明. 主体功能区建设的区域协调功能研究[J]. 经济学家，2018（4）：60-64.

[19]　赵德起，陈娜. 中国城乡融合发展水平测度研究[J]. 经济问题探索，2019（12）：1-28.

[20]　周佳宁，秦富仓，刘佳，朱高立，邹伟. 多维视域下中国城乡融合水平测度、时空演变与影响机制[J]. 中国人口·资源与环境，2019，29（9）：166-176.

[21]　王颂吉，魏后凯. 城乡融合发展视角下的乡村振兴战略：提出背景与内在逻辑[J]. 农村经济，2019（1）：1-7.

[22]　张克俊，杜婵. 从城乡统筹、城乡一体化到城乡融合发展：继承与升华[J]. 农村经济，2019（11）：19-26.

[23]　贺玉德. 京津冀产业结构与生态环境交互耦合关系的定量测度[J]. 中国软科学，2019（3）.

[24]　李虹，袁颖超，王娜. 区域绿色金融与生态环境耦合协调发展评价[J]. 统计与决策，2019（8）：161-164.

[25]　钱赛楠. 基于耦合协调度和灰色关联度的中国物流业与金融业协调发展研究[J]. 工业技术经济，2019（7）：93-100.

[26]　周嘉. 2003年以来东北地区城乡协调发展的时空演化[J]. 经济地理，2018（7）：59-66.

[27]　侯孟阳，姚顺波. 中国城市生态效率测定及其时空动态演变[J]. 中国人口·资源与环境，2018，28（3）：13-21.

[28]　梁红艳. 中国城市群生产性服务业分布动态、差异分解与收敛性[J]. 数量经济技术经济研究，2018，35（12）：41-61.

广西自然资源资产化：方向、路径和策略

李瑞红[3]、陈智霖[4]、李强[5]

摘　要：独特的地理气候条件赋予了广西丰厚的自然资源，但当前广西自然资源开放利用方式粗放，自然资源破坏和浪费现象较为突出，自然资源优势没有得到充分发挥，自然资源资产化水平偏低，对实现城乡一体化发展，进而对全区经济高质量发展贡献非常有限。文章从自然资源现状，开发利用中出现的问题，借鉴发达地区经验，提出广西自然资源资产化实现的路径，从而为广西城乡建设，为广西经济社会高质量发展贡献力量。

关键词：自然资源；资产化；路径

一、前言

　　广西属于亚热带季风气候，气候温暖、雨水丰沛、光照充足，独特的地理气候条件赋予了广西丰厚的农业、旅游、海洋等自然优势。同时，广西山多地少，山地、丘陵和石山面积广阔，也赋予了广西丰富的矿产资源、林业资源等优势。合理开发利用自然资源，将资源优势转化为经济优势，实现自然资源资产化，是深入践行"绿水青山就是金山银山"发展理念的重要体现，对推进生态文明建设和城乡发展具有重要意义。然而，当前广西自然资源开放利用方式粗放，自然资源破坏和浪费现象突出，丰富的自然资源优势没有充分发挥出来，自然资源资产化水平偏低，对全区的经济贡献非常有限，与广西独特的资源优势不匹配。为此，应进一步挖掘和拓展自然资源发展空间，充分发挥广西独特的自然资源优势，推动资源产业高质量发展，努力实现广西城乡协同发展，为"建设壮美广西、共圆复兴梦想"作出应有的贡献。

3　李瑞红，广西财经学院。
4　陈智霖，广西社会科学院。
5　李强，广西宏观经济研究院。

二、广西自然资源及开发利用现状

（一）自然资源充足，资产化水平较低

独特的地理气候条件赋予了广西丰厚的农业、旅游、海洋等自然优势。同时，广西山多地少，山地、丘陵和石山面积广阔，也赋予了广西丰富的矿产资源、林业资源等优势。

1. 农业资源

糖料蔗、桑蚕、木薯排全国第一，其中糖料蔗总产量占全国的60%以上，桑蚕产茧量占全国的45%以上，木薯种植面积和产量均占全国的70%以上，是全国最大的生物质能源（乙醇酒精）基地。此外，广西的水果面积居全国第5位，是全国5个千万吨省（区）之一；茉莉花茶产量占全国一半以上；中草药资源种类占全国总数的1/3。广西还是全国重要的"南菜北运"蔬菜基地、全国最大的冬菜基地，是全国著名的"南珠"产地，畜禽水产品也在全国占有重要位置（图1）。

2. 林业资源

广西国土总面积23.67万km²，林地面积1527.17万hm²，森林面积达到2.22亿亩，森林覆盖率达到62.31%，居全国第3位，活立木总蓄积量达7.75亿m³（表1）。

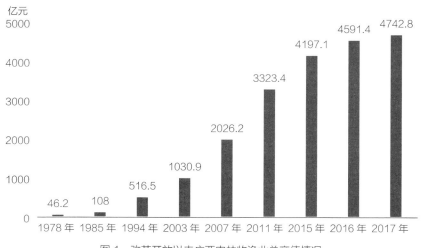

图 1 改革开放以来广西农林牧渔业总产值情况

2000 年以来广西林业生产情况单位：（千 hm²、万 m³、万 t）表 1

年份	造林面积	更新造林面积	木材采伐量	油茶籽	油桐籽	松脂	八角	桂皮
2000 年	57	100.7	270.27	118620	63002	216015	30966	16605
2005 年	124	53.6	762.55	117363	60372	301943	76462	20305
2010 年	143.3	119.9	1743.0	143749	72536	495750	99626	28655
2011 年	147.8	135.3	2065.2	151002	75525	532903	104821	29940
2015 年	159.4	141.9	2980	192762	83546	651234	135105	36707
2016 年	120.1	125.6	3410	200383	83272	669185	140264	37278
2017 年	129.8	159.026	3810	225785	85374	695549	143919	40556

资料来源：《广西统计年鉴（2018）》。

3. 矿产资源

广西矿产资源种类多、储量大，是中国 10 个重点有色金属产区之一。已发现矿种 168 种（含亚矿种），其中已查明资源储量的矿产 125 种，探明资源储量的有 125 种，约占全国的 77.2%，其中 9 种居全国首位，17 种居第 2 位，78 种居前 10 位（图 2）。

4. 旅游资源

广西是我国的旅游大省（区）之一，生态环境优美，民族风俗独特，人文底蕴深厚，旅游资源丰富。截至 2018 年年底，全区共拥有国家 A 级景区 464 个，其中，5A 级景区 6 个、4A 级景区 214 个、3A 级景区 230 个。2013 年以来，广西共获批 33 个广西特色旅游名县、创建县（图 3）。

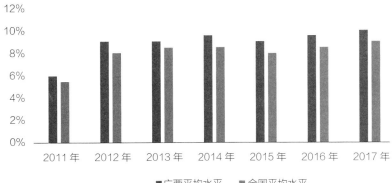

图 2　广西与全国矿产资源综合利用产值率

图3　2013～2018年广西旅游收入及增长情况

5. 海洋资源

广西位于我国大陆海岸线的最西端，是我国唯一的沿海自治区，南濒北部湾、面向东南亚，背靠大西南，是中国大西南地区的交汇地带和最便捷的出海通道，具有丰富的海洋资源和优良的海洋生态环境。广西海岸线长度1707km，浅海面积3480km^2，滩涂面积1005km^2（图4）。

6. 特色资源

广西特色资源丰富，以中医药资源为代表。广西气候温暖、雨水丰沛、光照充足，独特的自然条件和生态环境，将广西孕育成为全国十大地道中药材产地之一。目前广西已发现中药材品种资源4623种，拥有中国第二中草药资源大省的称号，素有"川广云贵，地道药材"之美誉。

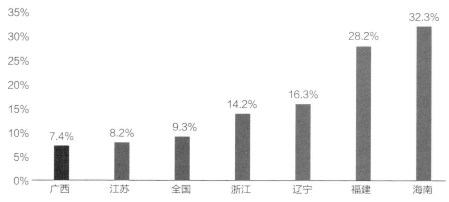

图4　广西与其他省份海洋生产总值占地区生产总值比重对比情况

（二）自然资源产业化存在的主要问题

广西自然资源丰富，但当前广西自然资源开放利用方式粗放，自然资源破坏和浪费现象较为突出，自然资源优势没有得到充分发挥，自然资源资产化水平偏低，对全区经济高质量发展贡献非常有限，与广西独特的自然资源优势不匹配。广西自然资源开发利用，实现资产化发展的关键瓶颈是精细加工程度较低，产品附加值不高，深层次原因是产业结构不合理、产业链偏短，产业之间的关联性、融合性发展不足，缺乏龙头企业尤其是面向消费市场、连接加工制造的终端大型龙头企业的带动。以湖北的良品铺子为例，其实现了从原料到工艺、从设计到生产、从包装到运输的全产业链发展，带动全国近300万农户增收，形成了较为完整的"三产"融合产品生态圈，这恰恰是广西自然资源资产化过程中的关键问题，即上游资源整合能力不足、下游市场带动能力不强。

三、自然资源资产化经验借鉴

国内一些地区在自然资源资产化发展方面积累了宝贵的经验，形成了具有代表性的产业典范，如河南的粮油加工、福建（泉州）的食品加工、江西（南康）的家具产业、福建（三明）的特色林产加工、江西（鹰潭）的铜精深加工、河北（承德）的钒钛加工、浙江和贵州的全域旅游、山东（青岛）和江苏（连云港）的海洋产业、浙江的矿泉水产业、云南的医药产业等。从地区经验和代表案例分析来看，产业化发展和产业链延伸是自然资源资产化的关键路径。

从自然资源开发利用和资产化发展的先行经验来看：一是以绿色和创新发展为主线，挖掘自然资源优势，依靠科技创新，推进全产业链发展。二是注重精深加工，在促进产业优化升级的同时，进一步深入开发更加优质的系列化、精细化产品，依托产业链打造提升自然资产价值。三是要突出特色、打造品牌，依托自身自然资源特色，打造一批全国或区域性的名牌产品。四是注重龙头企业带动，通过多种政策激励，加快产业链招商，吸引一批龙头企业入驻，完善产业配套体系，提升市场拓展能力。五是强化要素支撑，注重技术创新和人才支撑，强调形成与产业链相匹配的人才链和技术链，助力自然资源资产化发展。

四、广西自然资源资产化、产业化路径

党的十九届四中全会对坚持和完善生态文明制度体系做出了全面部署，对推进自然资源治理体系和治理能力现代化提出了明确要求。"十四五"时期，经济下行压力依然较大，产业增速放缓，中美贸易摩擦，国际产能向东南亚国家倾斜转移等挑战依然存在，广西如何在与周边地区的竞争中脱颖而出，乃至对周边地区形成辐射带动能力，探索出适合广西绿水青山通向金山银山的价值实现路径，实现自然资源的资产化，是当前广西经济社会发展亟待解决的热点、难点问题。打出广西"生态创新"名片，让自然资源在区域一体化中更具有吸引力，让更多的人愿意来广西，把自然资源产业化、生态化创新出更多的表现形式，吸引更多的人才、产业留在广西，集聚产生更多的生态优势，吸引更大的创新力量，在更高层次实现生态的价值，最终通过科技、人才、产业与生态的融合，实现自然资源价值最大化的开发与保护利用，推动发展动能的提升。把确立在生态基础上的先进制造、高端休闲、现代健康、新型智慧"四大经济"发展成"环境更友好、发展可持续、群众得实惠、政府有收益"的"幸福经济"，打通绿水青山通向金山银山的价值实现路径，实现广西自然资源的产业化、资产化价值。

（一）农业资源产业化开发、资产化升级路径

广西温光资源丰富，区位特色明显，农业发展具有一定的特色和基础，糖料蔗、茉莉花茶、木薯、桑蚕、芒果、火龙果等部分优势产业已初具集群化规模，产量均位居全国前列。但是，也应看到，广西作为我国的农业大省（区），却不是强省（区），农产品加工转化率只有40%左右，比全国平均水平低25个百分点，是我区农业发展最大的短板。此外，广西农业缺少大型知名企业和知名品牌，总体上，广西农业仍处于薄弱地位，面临加工率低、附加值不高等问题，主要是广西农业产业链偏短，主要还集中在产业链中上游，下游的精深加工产品不足。农业资源开发利用，应盘活沉睡的农用地，引入外来资本，提升农产品精深加工能力，大力发展农村生态旅游业、生态农牧业、生态加工业等新兴业态，塑造乡土特色养殖品牌、民族文化产业、生态有机农业等绿色健康产业。按照"谁投资、谁经营、谁受益"原则，吸引各类投资主体，鼓励以合

资、租赁等模式参与生态经济项目开发。重点在集群发展规模开发、强化龙头带动、不断提升农产品精深加工方面发力。

（二）林业资源产业化开发、资产化升级路径

地理位置和气候条件得天独厚，广西林木生长速度是全国平均水平的2～3倍，成为全国林业资源尤其是森林资源的"高产区"。目前，广西木材产量已占全国四成多，全国最大产木区地位进一步巩固。此外，广西作为全国竹林主产区之一，现有竹林面积510万亩，竹种数量约占全国的1/3。但总体来看，广西林业资源开发依然存在着产业加工不深、能力不强，产业化程度低、产业结构不合理等问题。广西应充分利用森林资源优势，瞄准鸟类、植物、昆虫等特色资源，开展生态旅游和科普教育活动，兼顾生态保护和经济发展"双赢"，紧扣现代城市人口"绿色幸福"需求，探索"森林康养""湿地宣教"项目，将健康疗养、身心保健、科教培训等有机结合，打造"深呼吸村庄""天然氧吧小镇"，拓宽林业生态系统的生态效益、经济效益和社会效益，促进林业资源与旅游、农业、工业等产业深度融合，选取2～3个支柱产业进行重点打造。充分发挥木材和竹资源的发展基底，延伸产业链，在精细加工方面，做出品牌，做出特色。

（三）矿产资源产业化开发、资产化升级路径

广西矿产资源种类多，储量大，但矿产资源开发存在精深加工不足、开发空间有限等问题。广西矿产资源资产化，应将"绿色矿业"作为其发展的主要方向，从资源调查到开发利用，再到矿山环境恢复治理，推进"绿色矿业"点线面全域发展；促进构建"绿色矿业链"，将生态意识、发展意识嵌入矿业产业链全过程，进一步实现绿色技术创新、绿色管理创新和绿色制度创新；紧扣当前矿业资源发展趋势，与国际化接轨，突出效率和技术，优化空间布局，使得广西矿业资源走出一条生产有效益、生态趋和谐、发展有活力之路，构建矿地和谐、人与自然和谐发展的矿业经济新格局。

（四）旅游资源产业化开发、资产化升级路径

广西是我国的旅游大省（区）之一，生态环境优美，在旅游产业的发展过程中，如何以高层次开发、高品质发展为导向，充分发挥优势资源、打响特色品牌，为广西天然的旅游资源赋予崭新的内涵，通过绿水青山招引八方人气，进而体验旅游、会展、养老，实现农旅融合、康旅融合，探索并积极发展全域旅游，是广西旅游资源资产化重要的实现路径。旅游资源的开发利用，产业化发展，不仅仅在于旅游资源自身的开发，而且要注重通过旅游资源开发，集聚人气，宣传广西，推广广西，促进旅游与其他资源产业的融合发展，走以资源换产业、以资源聚人气的发展路径。

（五）海洋资源产业化开发、资产化升级路径

广西海洋资源丰富，海洋生态环境良好，新时代，实现广西海洋资源资产化，必须树立科学用海观念，集约化、生态化、产业化开发和利用海洋资源，创新增长与绿色发展并举，打造具有国际竞争力的广西向海经济。着力整合临海产业集群，大力提升广西陆海联动能力。钦州港、北海港、防城港之间互为喂给港的关系比较薄弱，仍以竞争关系为主，区内港口群体系尚未形成，广西应整合港口资源，推动港口群资源整合构建高效合理的港口群系统，提升区域物流效率，吸引更多集装箱班轮挂靠，进一步提升海上运输系统在世界航运网络中的地位。不断开拓内陆腹地，提升广西港口的枢纽地位。将海铁联运与自由贸易区功能配套，实现保税区与港口的区港联动，积极发展与世界航运网络的业务联系，提升枢纽地位。

（六）特色资源产业化开发、资产化升级路径

特色资源的资产化开发路径，应紧紧围绕资源特色，做出品牌，实现产业化发展。以广西中医药资源为例，中医药开发中：一是发挥优势做特色。在中医药资源开发建设中，应发挥优势，将中药材种植产业作为优势特色农业，列入现代农业发展专项规划，安排专项资金，整合有关项目，加大对中药材种植的投入，为中医药资源开发健身，形成资产化，奠定原材料基础，发挥优势，

做成特色。二是规范布局示范推动。野生中药材的数量不足以供应市场需求，有的生长环境恶劣，不易采集，耗费财力人力。广西应因地制宜，规范布局，谋划一批中医药示范基地和药用园区，推进农业供给侧结构改革，扶持和引导生产加工企业、合作社等在各中药材产区建设一批稳定、可控的原材料种植基地，培植中药材"一县一品（数品）""一镇（乡）一品"，保证中医药产业化发展的原材料供应。三是打造品牌强产业。加大中药材栽培技术服务体系建设，打造"桂药"品牌，按照国家《中药材生产质量管理规范》和"三品一标"农产品生产要求，加强科学管理和对产地环境的监测，严控中药材生产投入品质，实行全程质量监控，发展一批中药材无公害、绿色、有机和农产品（中药材）地理标志产品，打造"桂药""壮药"品牌。

需要强调的是，广西自然资源资产化发展，实现自然资源开发中保护，保护中开发，不是不要发展，更不是不要工业，关键是什么样的发展，什么样的工业，对于广西而言，依托良好的生态基底，致力于把生态优势转化为科技、人才等创新力量，在更高层次实现生态的价值是其发展要义。以绿色旅游、绿色生态为基础来加速科技、人才、产业集聚，把广西发展放到更广的发展空间、更长的时间周期的大格局中去考量、去谋划，坚持生态涵养与城市美誉度协同推进、产业培育与新型城镇化协同互动、民生共享与功能辐射力协同发展。

五、广西自然资源资产化的对策建议

为保障广西自然资源资产化有序推进，将广西的自然资源优势转化为切实的经济优势，借鉴经验、结合实际提出如下对策建议。

（一）坚持规划引领，优化自然资源开发利用空间

重点依托广西各地市的资源分布、数量、质量及资源的特点，结合经济发展规划，制定涉及人口、环境、成本等因素的最优化的资源开发空间规划。建议统一自然资源开发保护规划，以自然资源管理的"多规合一"为目标，维护山水林田湖作为一个命运共同体的整体性和系统性，建议由发展改革部门会同自然资源、生态环境等部门制定国土空间和自然资源开发管制规划，作为自然资源开发和生态系统功能管制的总依据，将各类自然资源、各种生态保护系统

都集中到一个规划中来，落到一张蓝图上来。同时，建立资源动态监控、预警系统，及时调整资源开发策略，禁止乱采、乱挖、乱用的破坏资源行为和浪费资源的做法，满足经济长期发展的需求，走可持续发展的高质量发展道路。

（二）加快自然资源科技创新，提高自然资源开发质量

科技进步不仅能提高资源利用率和产品加工深度，减少单位产品的资源含量，而且可以降低经济发展对资源的依赖程度，还可通过科技进步保护资源。广西必须始终把"科技兴桂"的战略贯穿于自然资源的开发和利用中，依靠科技进步，提高生物资源、矿产资源等资源的开发质量，提高农副产品和矿产品等资源产品附加值和商品化率，进一步拓展国内外市场。同时，要以高新技术为手段，将开发和保护资源结合起来，走开发与治理同步的可持续发展道路。比如铝产业重点要形成铝—铝合金—铝型材—铝制品等产业链，提高增值能力；制糖业打造原糖生产—甜食品加工增值或蔗糖生产—高质量酒精—白酒勾兑或蔗糖生产—纸制品加工利用等深加工的路子；林产业要加强科技创新，推进"互联网＋"与林业产销高度融合，鼓励建设从原料供应、生产、包装、入库到销售及配送的智能化体系，逐步形成与电子商务发展相适应的现代林产品体系；医药健康产业要加强中医药民族医药创新体系建设，提高中医药民族医药和健康产业科技创新能力。要重点做强中药民族药产业技术创新战略联盟，培育化学药、生物医学工程、生物制药和海洋药物等产业技术创新战略联盟。加强管理创新，带动药物开发、药材种植、民族药有效组分分离、制剂生产、市场营销、医院产业、旅游文化、养生养老等各环节的现代大健康产业链伸展。

（三）加强财税扶持和金融创新，保障自然资源资产化资金需求

广西自然资源资产化，应不断完善落实财税扶持政策和激励措施，统筹各类支持小微企业和特色自然资源开发企业资金，设立自然资源产业化和风险补偿担保基金，发挥财政资金和财税政策的引导、杠杆作用，创新投融资机制，强化金融服务，进而撬动更多社会资金投入自然资源产业化、资产化。一是重点落实农业、旅游、海洋、医药健康等资源产业财政支出稳定持续增长机制，加强信贷担保体系建设，鼓励引导金融资本、社会资本投向资源可持续利用、

环境治理和生态保护等领域，形成多元化投入机制。二是落实政府在旅游、海洋、水资源等产业基础服务设施投入的主体责任，适度超前配套基础设施和公共服务设施，鼓励和促进民间资本通过政府和社会资本合作（PPP）等方式参与资源产业基础设施建设，重点解决交通设施、咨询服务中心、标识系统、厕所等建设与管理中的"瓶颈"问题。三是加大对资源产业的投融资力度，充分发挥好农业、林业、旅游、海洋、医药健康等产业投资专项基金的支持作用。支持资源企业以发行股票、公司债券等方式筹集资金。引导银行业金融机构采取项目贷款、银团贷款等多种形式满足资源产业的资金需求。

（四）加强龙头培育和链条延伸，培育自然资源产业集群

广西自然资源资产化重点在于产业发展，关键在企业。要实施各资源产业化龙头企业成长计划，加大财税、用地、金融等政策扶持，积极培育本土行业龙头企业。根据广西资源禀赋，坚持产业合理布局和快速集聚，精心培育和扶持发展特色经济，促进产业链条延伸。农业资源方面，深入创建百色芒果、永福罗汉果等中国特色农产品优势区，打造宜州蚕桑、容县沙田柚、灵山荔枝等广西特色农产品优势区。林业资源方面，加快发展家具家居产业，通过"建链、补链、强链、延链"，积极承接先进制造业转移，重点引进国内外知名企业。着力发展以玉林市为重点的实木、曲木家具生产基地；以崇左、防城港等市为重点的红木家具生产、交易基地；以南宁、柳州、贵港、梧州、百色等市为重点的木地板生产基地；以南宁、柳州、崇左等市为重点的木门生产基地。旅游资源方面，充分发挥旅游资源优势，以巩固广西特色旅游名县创建成果和创建国家全域旅游示范区为抓手，以"旅游+"为先导，不断丰富旅游业态，调整旅游产业结构，推动旅游提质发展。积极探索以"+旅游"为引领的"多规合一"，逐步建立健全"全域旅游发展规划＋实施方案＋专项规划"规划体系；加快全域旅游示范区创建步伐，注重与优越的生态环境的良性互动，促进乡村旅游基础设施提升。医药健康资源方面，落实推进壮瑶医药振兴计划，优化区域布局和品种结构，重点发展大宗和名贵道地中药材，巩固穿心莲、罗汉果、淮山、葛根、金银花、槐米等广西独有优势大宗品种，发展鸡骨草、广莪术、广泽泻、广豆根、两面针、天门冬、广金钱草等道地品种，开发牛大力、铁皮石斛、木鳖果等新兴品种，扶持建设40个中药材精品园区，推进中药材精深加工，加大

中药材在中兽药、食品添加剂、化妆品等方面开发利用。

（五）加强技术开发和人才支撑，提升自然资源产品竞争力

广西自然资源资产化，效率和科技是关键，根本在于人才的支撑。进一步加大对各产业发展技术开发和更新的力度，依靠先进技术，促进产业提质升级，高质量发展。实施更具吸引力的人才培养政策，大力引育"高精尖"创新人才、大力引进行业领军人才、加快集聚各类创业人才、加大优秀专业行政管理人才储备培育力度、大力引进和培育产业发展急需的高技能人才。一是围绕资源产业增产增效、生态经济重点领域、关键环节开展科技攻关，重点研究资源高效利用、节材、节水、节地、节能生产技术和污染防治减排等技术。二是加强农业、林业、矿业、旅游、海洋、医药健康和水资源产业等领域人才队伍建设，制定出台人才引进优惠政策，鼓励引进国内外高层次专业技术人才到广西资源企业或科研机构从事工作。区内高校要加强学科建设，大力培养科技人才、经营管理人才和高素质的产业技工人才，加强本土人才的支撑作用。三是加强与东部沿海地区重点高校、科研院联合创办技术研究中心，依托资源产业龙头企业，建立技术和产品研发创新平台，提高自然资源特别是矿产资源、海洋资源等的技术创新水平，增强资源产业市场竞争力。

（六）加强品牌培育和宣传引领，提升自然资源产业竞争力和影响力

广西自然资源资产化，在注重产业发展，推进产业结构优化调整的同时，应高度重视品牌建设，强化企业创新营销手段的运用，鼓励企业积极参加博览会、产品推介会等，鼓励企业申报原产地地理标志，打造一批具有市场竞争力的特色农产、林产、矿产等品牌。农业品牌塑造方面，实施"桂"字号农业品牌培育工程，主打"绿色生态、长寿壮乡"牌，打造一批"桂"字号农产品品牌。精心培育壮大百色芒果、荔浦芋头、钦州大蚝、南宁香蕉、横县茉莉花、梧州六堡茶、永福罗汉果、柳州螺蛳粉、宜州桑蚕、富川脐橙等一批"桂"字号国家级和自治区级农产品区域公用大品牌。充分发挥广西富硒资源优势，大力发展富硒农产品，打造一批在全国具有较大知名度的"桂"字号富硒农产品品牌。林业品牌塑造方面，积极培育现代林业绿色高端品牌，重点支持"高

林""丰林""三威""金蝶兰""玛瑙""水性科天""壮象""志光"等一批已具备一定影响力的品牌提高知名度。旅游品牌塑造方面，充分利用好"互联网+"，发挥"融媒体、全媒体"优势，构建多层次、全方位的宣传营销体系。积极运用中国—东盟文化论坛、中国—东盟博览会文化旅游展等平台，宣传广西全域旅游示范区和广西特色旅游名县品牌，整体提升广西文化旅游品牌形象特色资源。医药健康品牌塑造方面，提升已有产业和企业的品牌知名度，研制特色中药、壮药、瑶医新产品，培育、打造独具特色的广西民族医药产品和企业品牌。积极培育养生养老产业，将广西得天独厚的环境资源优势转变为产业优势，培育形成一批在国内外"叫得响"的健康产业品牌企业，成为"广西名片"。围绕广西提出的建设"南宁养老服务业综合示范区、桂西养生养老长寿产业示范区、桂北休闲旅游养生养老产业示范区、北部湾国际滨海健康养生养老示范区、西江生态养生养老产业示范区"的要求，打造广西特色养生度假旅游品牌。

参考文献

[1] 周景行. 关于自然资源资产化管理的思考[J]. 农业科技与装备，2018（3）：83.

[2] 蒙强，蓝相洁，李彤."双重红利"目标下我国环境保护税改革的路径[J]. 经济纵横，2016（9）：101–104.

[3] 广西"10+3"现代特色农业产业高质量发展三年提升行动（2018-2020年）[Z].

[4] 广西壮族自治区人民政府关于加快大健康产业发展的若干意见（桂政发〔2019〕33号）[Z].

[5] 中药材保护和发展规划（2015—2020年）广西实施方案[Z].

[6] 广西壮族自治区人民政府办公厅关于印发广西生物医药产业跨越发展实施方案的通知（桂政办发〔2018〕110号）[Z].

[7] 自治区工业和信息化委关于印发广西粮油加工产业集群及产业链发展方案的通知（桂工信食药〔2018〕909号）[Z].

[8] 广西壮族自治区人民政府办公厅关于印发2019年全区重大项目建设攻坚突破年活动实施方案的通知（桂政办发〔2019〕25号）[Z].

广西县域经济特征与问题研究

刘星光、陈春炳、王辛宇

摘　要：县域经济是我国国民经济的基本单元，县域经济的发展水平、结构特征决定着区域经济的整体发展质量。文章从总体规模、产业结构、财政收支、固定投资、人民收入五个维度系统分析广西县域经济的总体水平；以百色平果、柳州柳江、崇左江州、玉林玉州为案例，提炼四类特色县域经济模式；研判城镇体系欠优、人口外流严重、要素供给不足、民营经济不强、城乡融合政策待整合等突出问题，从模式转换、质量提升、活力发掘等方面提出推动县域经济发展的相应对策，以期为促进全区县域经济发展提供参考。

关键词：广西；县域经济；关键问题；对策

一、近十年以来广西县域经济发展成效

　　面对经济下行压力，广西县域经济依然走出上升曲线，经济效益不断提高，城乡居民的生活水平也得到进一步的改善。截至2017年年底，广西纳入县域经济范围的71个县（只包括行政县和县级市，不含市辖区）共有184006.7km²，常住人口达到3085.92万人（占全区常住人口的比重为63.17%），实现地区生产总值8849.18亿元，占全区经济总量的43.39%，基本占据广西经济总量的半壁江山。由此可见，县域经济对于广西经济和社会的发展具有举足轻重的地位。

（一）经济总量不断扩大，经济实力持续增强

　　近十年来，广西县域经济得到了稳步的增长。截至2017年年底，广西县域经济总量为8849.18亿元，占全区经济总量的43.39%，同比增长11.64%，比全区地区生产总值增速高出0.29个百分点，约是2008年全区县域地区生产总值的2.7倍，年均增速在12%以上。按照常住人口计算，全区县域人均地区生产总

值为30357元，约是2008年全区人均生产总值的2.7倍。全区县域平均生产总值为124.64亿元，比2008年高出约79亿元，且各县经济总量有了跨越式的发展，2008年全区县域地区生产总值最高的县是合浦县（114.99亿元），有且仅有5个超过100亿元，地区生产总值在100亿元以下的数量达到全区的83.25%；而2017年，超过100亿元的有35个，地区生产总值在100亿元以下的数量仅占全区的23.72%。其中，平果（201.07亿元）连续7年入选"中国中小城市综合实力百强县市"，且是广西唯一上榜县（市）；生产总值最高的桂平市（357.43亿元）经济总量约为合浦县的3倍。相较2008年，广西县域经济总量呈现整体上升态势，同时，以一批"排头兵"为代表的县竞争力不断攀升（图1、表1）。

图 1　2008～2017 年广西县域地区生产总值与增速变化图

2008 和 2017 年广西县域地区生产总值数量情况对比表　　表 1

GDP 区间（亿元）	县市数（个）		占县域 GDP 比重（%）	
	2008 年	2017 年	2008 年	2017 年
≥ 300	0	4	0	14.67
200～300	0	11	0	29.95
100～200	5	20	16.75	31.65
50～100	19	24	42.14	19.12
≤ 50	47	12	41.11	4.6

注：本表数据来源于广西统计年鉴。

（二）二、三产业占据主导地位，产业结构日趋合理

产业结构一定程度上反映了一个区域经济发展的质量水平，合理的产业结构是区域经济获取可观效益的重要前提。近十年来，受益于中央决策部署释放的巨大红利，广西县域三次产业充分发挥自身禀赋优势，在各级政府产业政策的支持引导下，三次产业协同发展，产业结构日趋合理。2008年，广西县域三次产业结构为28.22：42.58：29.20，第二产业所占比重最高，第三产业所占比重次之，但与第一产业相差不大，三次产业呈现"二三一"的发展态势，县域工业对经济增长的推动力明显。2017年，广西县域经济产业结构持续优化，第一、二、三产业增加值占全区县域地区生产总值的比重分别达到14.32%、45.8%、39.88%，第二产业和第三产业所占比重继续上升，第一产业所占比重大幅下降，第三产业对经济增长的拉动作用明显上升，产业结构日趋合理。

（三）县域财政收入逐步增加，收入质量明显提高

近十年来，广西县域经济持续快速发展，为财政收入提供了稳定的税收来源，财政收入也得到了明显增加。截至2017年，全区71个县域公共财政预算收入达388.97亿元，占全区公共财政预算收入的24.08%，约是2008年全区财政收入总额的3倍；但增速从2012年开始出现明显下降趋势。其中，71个县域的税收收入为233.82亿元，占全区税收收入总额的22.11%。县域税收收入占县域财政收入的60.11%。在全区71个县域单位中，公共财政预算收入超过5亿元的县（市）有29个，其中超过10亿元的有14个，超过15亿元的有2个，分别是平果县（16.41亿元）、北流市（16.25亿元），而2008年超过5亿元的有且仅有1个（平果县8.9亿元），在3亿元以下的县数量占到了全区的90.14%。县域公共财政收入明显增加的同时，收入质量也明显提高，县域财政对县域经济的调控能力持续增强（图2、表2）。

图 2 2008～2017 年广西县域公共财政预算收入总额与增速变化图

2008 和 2017 年广西县域公共财政预算收入数量情况对比表 表 2

公共财政预算收入区间（亿元）	县市数（个）		占县域公共财政预算收入比重（%）	
	2008 年	2017 年	2008 年	2017 年
≥ 15	0	2	0	8.4
10～15	0	12	0	36.79
5～10	1	15	7.02	26.29
3～5	6	14	16.81	14.29
≤ 3	64	28	76.17	14.23

（四）县域投资规模不断扩大，总量比重继续提高

投资作为拉动经济增长的三驾马车之一，广西各县（市）努力扩大投资规模，不断推动重大基础设施项目、重大产业项目、重大民生和社会事业项目建设，县域固定资产投资保持较快增长，投资规模总体上呈不断增大趋势，有力地支撑了县域经济和社会的快速发展。2017 年，全区县域固定资产投资总额达到 8846.47 亿元，同比增长 9.63%，占全区固定资产投资总额的比重为 43.16%，约是 2008 年全区县域固定资产投资总额的 5 倍，年均增速达到 21% 以上。县域平均固定资产投资水平为 124.6 亿元，比上年增多 17.62 亿元，超过县域平均水平的县（市）有 31 个；其中，投资超过 300 亿元的只有岑溪市（308.5 亿元），超过 100 亿元的有 38 个，其所占县域固定资产投资比重达到

80%以上，几乎与2008年50亿元以下的66个县的比重相持平（表3、图3）。

2008和2017年广西县域固定资产投资数量情况对比表　　表3

固定资产投资区间（亿元）	县市数（个）		占县域固定资产投资比重（%）	
	2008年	2017年	2008年	2017年
≥300	0	1	0	3.49
200～300	0	17	0	46.3
100～200	0	20	0	32.11
50～100	5	13	17.49	10.25
≤50	66	20	82.51	7.85

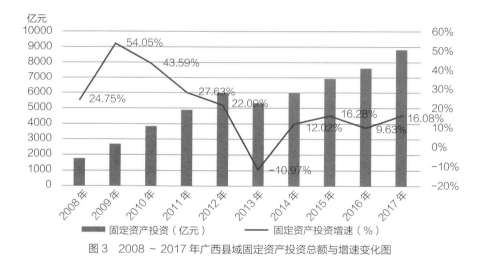

图3　2008～2017年广西县域固定资产投资总额与增速变化图

（五）居民收入稳步提高，生活水平进一步改善

得益于广西精准扶贫、土地流转、各项支农惠农强农等政策的落实，以及本地务工人数增加，农村居民工资性收入快速增长，较好地促进了县域城乡居民收入的提高，城乡收入差距得到缩小。继2016年，广西农民人均纯收入首次突破万元大关后，2017年，全区县域城镇居民人均可支配收入和农民人均纯收入分别为28647元和10955元，与2008年相比，城乡居民人均收入倍差约缩小了1，年均增速分别为10.44%和14.45%。居民收入的稳步增长为生活质量的改善提供了有力支撑，也进一步拉动了社会消费水平，尤其是农民收入的提

图4　2008～2017年广西县域居民人均收入与社会消费品零售总额变化图

高，对社会消费的拉动作用更为明显，2017年，广西县域社会消费品零售总额
2610.94亿元，约为2008年的3倍，年均增长14%以上（图4）。

二、广西县域经济发展的成功模式梳理

　　广西深入贯彻落实党的十六大提出的"壮大县域经济"战略举措，大力推
动县（区）培育发展县域经济，积极探索创新富有特色、符合地方实际的县域
经济发展模式，初步形成百色平果县资源禀赋引领型、柳州柳江区产城融合发
展型、崇左江州区重点项目驱动型、玉林玉州区优势产业带动型等县域经济发
展成功模式，为广西加快实现县域经济高质量发展夯实了基础。

（一）百色平果县——资源禀赋引领型模式

　　2018年，平果县紧抓经济发展不放松，以工业强县，以铝产业旺县，成功
斩获"中国中小城市综合实力百强县""中国新兴城镇化质量百强县""全国中
小城市投资潜力百强县"荣誉称号，是广西唯一连续两年同时获得三个百强县
称号的县份，为其在改革创新中筑构县域经济发展新局面奠定了基础。

　　1. 充分发挥铝产业优势，全力推进铝"二次创业"

　　世界铝都在中国，中国铝都在平果。平果县铝资源丰富，铝矿矿体大、品

位高、埋藏浅、易开采，为铝精深加工创造了有利条件。平果县充分发挥铝矿优势，深入实施"工业强县"战略，以中铝广西分公司、华磊新材料龙头企业为依托，吸引铝产业上下游企业在园区集聚。大力推动百矿年产60万t再生铝、恒东、巨昌铝幕墙板项目、船舶用铝合金型材、东维丰、铝酸钙、和泰科技二期等项目开工建设，延伸完善产业链，做大做强深精加工，努力提高附加值，加快"铝二次创业"步伐，推动铝产业转型升级，持续优化调整铝产业结构。

2. 激活企业创新发展活力，加快培育实体经济

按照国家大力倡导发展实体经济战略部署，平果县聚焦质量变革、效率变革、动力变革，加快新旧动能转换，鼓励和扶持中铝广西分公司、华磊新材料、百矿高新铝等骨干企业应用新技术、新材料、新工艺、新装备改造提升生产装备水平，积极开拓进取，全力打造完整产业链；培育壮大强强碳素、华众建材、瑞祺丰新材料、和泰科技等重点企业，成功吸引一批上下游产业链配套项目，有效推动铝产业链条进一步延伸和完善。

（二）柳州柳江区——产城融合发展型模式

围绕建成产业融合发展示范区总体目标，柳江区以柳江新城区、工业园区、环都市乡村休闲旅游带为"三大主战场"，统筹推进稳增长、促改革、调结构、惠民生、防风险各项工作，县域经济发展成效显著，先后荣获全国国土资源节约集约模范县、全国科普示范县、全国农田水利基本建设先进单位、自治区卫生县城、自治区特色农业发展突出贡献奖等多项荣誉称号。

1. 坚持规划先行，推动柳江新城建设

以加快打造柳州西南片区产城融合发展的示范新城区为目标，切实破解新城建设融资难题，加强与金融机构、投资财团对接，多渠道筹资融资，为加快项目建设提供了资金保障；狠抓新城招商引资，坚持高位推动，党政主要领导挂帅，与一批国内知名企业洽谈投资并达成合作；全力推进重大项目建设，以"城市建设十大工程"为抓手，推动新城内联外通道路、体育公园、新城学校、湿地公园等城市基础设施和公共配套项目全面开工建设，为加快发展现代服务业、促进产城深度融合提供了广阔的空间。

2. 抓好顶层设计，加快园区开发建设

按照"项目向园区集中、要素向园区集聚、产业向园区集群"的思路，柳江区深入实施工业发展"三次创业"战略，着力发展先进装备制造、生物医药、电子信息等战略性新兴产业，提升拓展汽车及零部件、机械制造、食品加工三大支柱产业，巩固提升电力、建材传统产业，初步形成以新兴工业园区为中心，健康、机械、先进装备制造、高新技术产业园组团的园区经济发展新格局。

3. 加强项目引领，打造环都市乡村休闲旅游带

积极推进现代农业示范区建设，创建自治区级农业众创空间"星创天地"2个。狠抓旅游项目建设，完善基础和强化功能配套，创建国家4A级旅游景区1个、国家3A级旅游景区1个、四星级乡村旅游区2个。加快推进"农旅"融合发展，提升改造景区基础设施，初步形成洛满—成团—百朋—进德—里雍环都市乡村休闲旅游带。

（三）崇左江州区——重点项目驱动型模式

近年来，江州区在加快重点产业发展、创建现代特色农业示范区、推进中心城区升级建设等领域工作中持续发力，县域经济发展势头强劲，2017年荣获广西科学发展先进县称号，县域经济综合实力在自治区28个重点开发区中，从原来的第8名跃升到第3名。

1. 以重点产业项目建设为引擎，推动新旧动能转换

江州区大力推进中法合资乐斯福酵母一期、红狮固废处理、富国锰新型材料等自治区和崇左市高度重视的16个重大项目，中央预算内项目开竣工率达100%，荣获自治区红榜通报表彰。2017年蔗糖循环经济产值达157.8亿元，同比增长14.1%，糖业循环及全产业链综合利用水平排全区前列，招商引资实现由"筑巢引凤"向"引凤筑巢"转变，建材、锰铁产业规模和增速均创历史新高，新旧动能转换加速，经济高质量发展步伐加快。

2. 以特色农业工程建设为抓手，推动乡村振兴发展

江州区加快推进甘蔗"双保"（保面积、保产量）和"双高"工程，2018年建成"双高"基地58万亩，产蔗、产糖量连续6个榨季排广西前列、崇左市第一。率先推广"双高"水肥药一体化建设，成功打造濑湍镇仁良、新和镇通康等万亩连片示范基地。新增自治区级现代特色农业（核心）示范区1个、县级2个、乡级16个，实现乡镇全覆盖。

3. 以城区升级行动建设为引领，推进新型城镇化建设

以打造经济中心、商贸中心、文化教育中心、旅游集散中心"四个中心"为抓手，协同推进中心城区基础设施、风貌改造、绿化工程、征地拆迁、棚户改造、环境整治、乡镇建设七大系列项目建设。城区面积扩大到37.6km²，城镇化率达50.2%，实现了大投入、大发展、大变样，蹄疾步稳推动新型城镇化发展。

（四）玉林玉州区——优势产业带动型模式

近年来，玉州区围绕建设"两都一区"目标，主动担当，克难攻坚，全力推进千亿工业、特色农业、现代服务业等优势产业发展，实现了经济社会持续健康发展，县域经济发展取得可喜成绩，2017年玉州区获评广西科学发展先进城区和进步城区。

1. 狠抓千亿产业不放松，激发县域经济活力

主动对标玉林市发展机械制造、服装皮革、新材料、大健康"四大千亿产业"，围绕破解经济发展和项目建设的制约因素和瓶颈问题，玉州区充分挖掘和释放资源及区位优势，着力壮大先进装备制造业和健康产业，大力发展生物医药、新能源等新兴产业，不断增强产业核心竞争力和可持续发展能力，产业转型发展成效明显，2018年工业增加值87.53亿元，同比增长5.9%。

2. 狠抓特色农业不松劲，夯实县域经济发展基础

玉州区深入实施乡村振兴战略，有效引领城乡融合发展，初步构建以休闲农业、富硒农业、有机循环农业为核心的"5+3"特色产业体系；实现优势农业生产面积增长3.2%，总产值增长7.3%；建成现代特色农业县级示范区3个、乡级示范园8个、村级示范点20个；农业专业合作社5家、家庭农场5家，引进投资2000万元以上企业1家，县域经济发展实力不断增强。

3. 狠抓现代服务业不落后，推动县域经济转型升级

玉州区坚持把加快服务业发展作为转方式、调结构的重要着力点，推进服务业集聚化、特色化、多元化发展，以服务业的提档增效推动县域经济的转型升级。2018年，玉州区服务业规模不断扩大，水平逐步提高，服务业增加值达277.19亿元，增长12.3%，玉州区被列为自治区级全域旅游示范区创建单位，仁厚特色小镇进入广西旅游型特色小镇培育名单。

三、广西县域经济存在的问题分析

近年来，广西县域经济发展取得了重要进展，县域经济体量持续扩大，县域工业化发展取得重要进展，县域经济内生动力显著增强。尽管广西县域经济发展取得较大发展，但在全区持续加大的经济下行压力背景下，广西县域经济发展体系不优、人口流出、资源供给不足等方面问题和短板凸显，城乡融合发展纽带性、连接性作用不强。

（一）县域发展体系待优化

县级行政单位结构两头重中间轻，2019年广西市辖区、县级市、县（自治县）结构比为37∶7∶56，而同期云南、湖南、贵州等地基本呈现金字塔形结构。县改区进程相对过快，广西市辖区数量同比云南、湖南、贵州多24、5、26个，中心城区在基础设施、公共服务设施等方面负担加大，偏远地区、实力弱小市辖区发展独立性和主动性缺失，不利于中小城市集聚力和辐射力的提升，在一定程度上制约了原县域地区城乡统筹发展。市域亚次中心发展滞后，一是县改市进程相对较慢，同比云南、湖南、贵州等地，广西县级市数量分别少8个、10个、1个；二是县域经济发展体量较小，尚无县级市进入全国100强。

（二）人口流出形势严峻

广西县域经济行政单元基本呈现户籍人口与常住人口倒挂发展格局，2017年广西71个县域行政区户籍人口和常住人口差值为752万人，而市辖区地区为37万，除东兴、凭祥外的地区常住人口和户籍人口比值均小于1，大量青壮年人口流出，不利于县域就地就近城镇化发展。随着国家大力推动农业转移人口市民化，以及广西本土都市区持续发展、粤港澳大湾区建设推进等，广西县域经济行政单元人口加快向区内外都市区聚集、各能级城镇发展分化将成为常态，县域经济间产业和人口争夺现象和问题将会显现。

（三）资源要素供给不足

2017年广西县域经济工业化率仅为36%，呈现出较强的工业化初期发展特征，财政、人才、产权、基础设施等资源供给相对不足，不能满足县域经济发展需要。一是收入和支出出现倒挂现象，广西县域经济传统产业、资源型产业占比大，县域经济自身财政创造能力不足，现有县域税收和财政收入水平已不能满足公共资源日益增长需求，2017年广西县域公共预算支出同比增长194亿元，而公共财政预算收入、税收收入分别下降7.3亿、1.3亿元。二是人才短缺现象突出，县域生产生活条件较差，产业工人、技术人才引进落户难。三是城乡产权资源尚不能有效流转，城乡二元化的土地管理体制以及对农用地实行的用途管制，使县域经济发展在资源利用上受到根本性制约，同时农业用地不能市场化交易，也使县域经济发展最大的依托资源不能从根本上盘活，直接制约了项目建设和农业产业化规模的发展，如2017年广西共流转土地累计900万亩，占二轮承包土地面积的27.1%，而全国平均水平已超35%。四是基础设施建设相对薄弱，如全区规划"十四五"期末实现县县通高速，但贵州早已实现县县通高速，且云南、贵州等地县域在融资方面亦走在广西前列。

（四）民营经济发展支撑不足

营商环境水平仍待提高，县域公务人员服务意识不强，对民营企业"重招商、轻服务"的现象依然存在，民营企业获取政策红利渠道不通畅。县域民营经济缺乏现代金融服务体系支撑，目前和县域经济关系密切的政策性银行是农业发展银行，但农业发展银行职能的重心是放在粮食收购方面，而商业银行的县级机构发放贷款权限被上收，农村信用社由于管理体制问题不仅能力有限而且运转不灵，总体上央行货币政策在县域传导不畅以及金融服务手段单一。

（五）城乡政策亟需整合

党的十九大以来，国家高度重视乡村振兴、城乡融合发展工作，出台了系列文件和支持政策。县域经济作为城市经济和农村经济的连接点和结合部，是推动乡村振兴的关键支撑、促进城乡融合的重要载体，迫切需要在2017年支持县域经济加快发展"1+6+2"系列文件基础上，结合国家城乡融合发展要求修订完善县域经济发展政策体系，进而优化支持县域经济发展的顶层设计。

四、推进广西县域经济提升的路径思考

（一）以回乡创业、周末经济、人才入扶、产学研结合为重点，推动县域经济质效规模双提升

将特色小镇、田园综合体、美丽乡村建设与引导全县外出人员回乡创业相结合，扎实推进乡村振兴战略。"十九大"后，国家将乡村振兴提到国家战略的高度，旨在塑造新型的城乡关系，解决城乡发展不平衡、不充分的问题。树立"城乡等值化"发展的目标，通过不断壮大县域产业，以本地民营企业与回乡创业人员为主力军，打造政策咨询、土地信息、电子商务、会展宣传、科技转化等方面一条龙的服务链条，多方位地给予特色小镇、田园综合体、美丽乡村等实体建设以经济、政策方面的全力支撑，推动城乡就业流动，切实提升城乡居民的收入水平。

着力发展周末经济，打造优质旅游资源品牌优势。随着西部陆海新通道、北部湾城市群、广西自由贸易试验区国家战略的叠加实施，县域经济迎来广阔发展空间，可以开展EMBA、医学中心、新经济发展、文化创意产品开发、大数据开发应用培训等与周末医院、周末短期休闲体验、周末商贸节会等形式，搭建起区域产业发展研究与创新平台，引进人工智能、VR开发团队，打造国际体验产品，同时与周边养老品牌引进与开发、养老设施建设、乡村体验旅游与设施搭建融合，树立起西南区域全域旅游名牌。

以产教结合、引智入扶为重点，推动"产学研"均衡发展，解决结构性失业问题的同时，为县域发展留住人才。充分利用县域已有资源，大力开展县域人员就业与产业结构的匹配关系调研，明确全县结构性失业与规模性失业的比例问题，将职业教育、产业发展结合起来，主要通过建设双创基地等平台，引智入扶，着力为县域产业创新发展、体制创新改革提供人才保障，通过设施环

境配套、产业平台构建、创业环境优化等手段建设经济区人才培育用留小高地，支撑县域经济协同发展。

（二）将园区、城镇、乡村建设紧密结合，塑造新型城乡体系，全面提升城乡人居环境质量

打造新型的城镇乡村体系。壮大县城，以更加开放的姿态持续推进大县城战略，改善县城的基础设施、公共服务设施品质，提升县域经济和人口承载能力，推动县城的人居环境不断改善。着力加速产城融合发展步伐，推动地方职住平衡体系建设，分别以优势产业创新发展为根基，吸引专业化人才进入，同时以加强当地居民家庭人员的差异化入职培训为重点，结合农业现代化、规模化经营等手段，以提高农民工家庭的完整度为核心，提升家庭城镇化水平。以推进特色镇村发展为节点，结合美丽乡村建设、电商入村等工程，扩权强镇与土地制度改革相结合，打造村发展磁力中心，实现乡村振兴。

统筹园区建设，形成发展合力。打破园区孤立发展格局，首先在县域层面，树立起园区协同发展的理念，探索实行一区多园的管理模式，用地纳入县用地统一管理，优化调整用地结构，提升土地集约利用水平。大力发展以特色产品质量提升为需求的生产性服务业，包括研发设计、科技咨询、第三方物流、知识产权服务、检验检测认证、融资租赁、人力资源服务的生产性服务业配套体系，推动核心产业的创新升级，创造品牌。按照循环经济"减量化、再利用、资源化"的理念，推动企业循环式生产、产业循环式组合，搭建资源共享、废物处理、服务高效的公共平台，促进废物交换利用、能量梯级利用、水的分类利用和循环使用，实现绿色循环低碳发展。

加强硬件设施建设，提升县域人居环境质量。优先加强区域性交通设施的干线建设工作，重点提升重要连接线路的公路等级，构建优质县域交通体系。加大金融机构支持力度，鼓励社会资金参与城市基础设施建设，切实提高管网、排水防涝、消防、交通、污水和垃圾处理等基础设施的建设质量，尤其在城乡垃圾集疏运处理系统建设方面加强探索，全面落实集约、智能、绿色、低碳等生态文明理念，优化节能建筑、绿色建筑发展环境，建立相关标准体系和规范，促进节能减排和污染防治，提升城乡生态环境质量。以常住人口分布及迁移趋势为依据，配给公共服务设施，提升公共服务设施规模与质量，满足城乡居民

生产、生活需求。同时，充分发挥市场机制作用，进一步完善公用事业服务价格形成、调整和补偿机制。

（三）体制机制改革，打通城镇化要素流动渠道，大力提升城乡发展活力

探索推动财税体制自治区直管模式，结合金融体制改革，提升资本运营能力。申请财政放权，实现县政府财政由自治区直接管理，简化层级，实现高效管理，激发县域发展活力。同时，挖掘政策改革空间，在风险可控的范围内，推进政府融资平台公司市场化改革，创新地方政府投融资产品，积极探索运用债券发放、财政专项基金、土地储备基金和PPP前期服务引导基金等产品，提升全县引资、用资、活资能力，保障全县城乡建设资金。

推进土地管理制度改革，盘活存量用地。探索改革建设用地指标分配体系，打破行政管理壁垒，在全县实现统筹，挖掘存量用地潜力，着力解决建设用地低效使用和总量不足的问题。建立城乡统一的建设用地市场，在符合规划和用途管制前提下，允许农村集体经营性建设用地出让、租赁、入股，实行与国有土地同等入市、同权同价，建立兼顾国家、集体、个人的土地增值收益分配机制。创新"城镇规划区内建设用地、农村耕地、乡村建设用地"的规划、开发、供应、利用方式，提升土地资产资本价值，促进生产、生活、生态用地结构和布局不断优化。

建立户籍制度改革配套制度体系，推进城乡要素流动。维护进城落户农民土地承包权、宅基地使用权、集体收益分配权。建议加快落实这一政策，全面实施集体成员资格证明和户籍转移备案证书制度。凭借集体成员资格证明和转移落户备案证书，进城落户人员继续享有农村土地承包经营权、宅基地使用权和其他集体经济权益。按照依法、自愿、有偿的原则，探索建立农民工土地承包经营权和宅基地使用权有偿流转机制。进城落户农民可自愿选择保留、在本集体经济组织内部流转、退出三种方式处置宅基地及其附属设施用地。同时，要根据人口流动趋势及分布，推出与户籍改革相配套的就医、养老、就学套餐政策，并以此为依据配给公共服务设施，切实提升落户人员的生活质量，保障在县域任何地方的落户人员，均实现留得住、用得好、活得美。

改善营商环境，狠抓放管服改革。进一步细化三个清单内容，以政府智慧

化管理实现为目标，学习浙江经验，大力提升行政办事效率。加强和规范城镇化统计数据管理，要适应大数据发展形势，积极推进城镇化数据资源开发利用和开放共享，加强重要数据基础设施安全保护，依法确定数据安全等级和开放条件，建立数据共享和对外交流的安全审查机制，为政府决策提供有力支撑。从"三证合一、先照后证、注册便利化"入手，推进商事制度改革。创新不动产登记办证、流程及服务模式。推动投资项目管理改革，重新编制投资建设项目审批服务流程图，固化投资建设项目全流程审批链条上相关部门的审批职能、环节、具体流程，实现投资项目审批统一编报、一口管理。

参考文献

[1]　周志纯. 试论县域经济的地位及其基本特征[J]. 江汉大学学报（社会科学版），1987（1）：1-6.

[2]　汪慎谟. 县级经济研究的对象及其特点[J]. 江淮论坛，1987（3）：34-39.

[3]　朱昌宁. 县域经济中的城乡一体化及其管理体制问题研究[J]. 江苏社会科学，1992（6）：126-129.

[4]　谢自均，林开峰，郭晓鸣. 县域经济：改革与发展探索——四川省发展县域经济专题研讨会综述[J]. 农村经济，1992（10）：31-34.

[5]　姚海兴，陈雷根，费共健. 企业集团是迅速扩张县域经济的有效载体——江苏省吴江市11家企业集团的调查[J]. 集团经济研究，1993（8）：37-39.

[6]　张志，冯波. 试论县域经济运行的宏观调控[J]. 理论探讨，1993（4）：46-48.

[7]　周厚丰. 围绕主导产业的形成发展有地方特色的县域经济——广丰县实施"工业兴县"的情况调查[J]. 企业经济，1993（12）：32-33.

[8]　梁仕云. 广西县域经济发展的对策研究[J]. 广西社会科学，2001（4）：41-43.

[9]　陈泽军. 广西县域经济发展战略探析——广西县域经济研究系列之一[J]. 广西大学学报（哲学社会科学版），2004（6）：47-50.

[10]　李珍刚. 扩权强县：广西县域经济发展的新路径[J]. 广西民族研究，2006（3）：153-162.

[11]　蔡翔，舒勇，唐贵伍. 县域经济发展与特色产业塑造——以广西凭祥边境贸易业为例[J]. 乡镇经济，2009，25（3）：101-104.

[12]　黄启学. 大力发展县域经济努力打造中国西部经济强县——广西平果县经济跨越式发展的思考[C]//广西毛泽东哲学思想研究会，中共桂林市委党校，荔浦县委，荔浦县人民政府. 金融危机中县域经济的科学发展，2009：126-133.

[13]　李治国. 广西县域经济竞争力研究[D]. 桂林：广西师范大学，2011.

[14]　袁柳，朱一超，李智. 泛北部湾区域经济合作作为广西县域经济的发展带来的良机[J]. 市场论坛，2012（1）：20-21.

[15]　邓飞虎，张念萍. 经济欠发达县域民族地区旅游规划主要问题探讨——以广西忻城县为例[J]. 柳州师专学报，2013，28（2）：57-60.

[16] 韦韡，刘春东. 广西县域经济差异的产业基尼系数分解[J]. 广西民族大学学报（哲学社会科学版），2014，36（4）：106-110.

[17] 邹博清. 县域经济在"协调"发展中的地位探究——基于对广西88个县域的面板数据分析[J]. 百色学院学报，2017，30（4）：105-112.

[18] 谭冠晖. 从广西实践看西部地区壮大县域经济对策[J]. 当代县域经济，2018（3）：32-34.

[19] 林秀丽. 扩权强县背景下广西县域经济发展的机遇、困境与对策思考[J]. 企业科技与发展，2018（7）：1-3，6.

城市低效存量工业用地再开发对策研究
——以南宁市中心城区为例

郑雄彬

摘　要： 低效存量建设用地再开发是城市更新的重要内容，推进城市低效存量工业用地高效再开发，对于优化土地利用结构、提高城市土地利用效率、促进城镇更新改造和产业转型升级，提升建设用地人口、产业承载能力，建设和谐宜居城市具有重要的促进作用。文章以南宁市为研究对象，对南宁市中心城区低效工业用地的总量情况、利用现状、存在问题及导致原因进行了详细分析，在归纳总结上海、广州、青岛、佛山等城市低效存量工业用地再开发经验的基础上，从工作组织管理、盘活对策制定、生态环境治理、社会民生保障、土地供应制度改革等领域，提出了适用于南宁市中心城区的低效存量工业用地再开发对策。

关键词： 工业用地；再开发对策；中心城区；南宁市

一、前言

　　城市建设用地管理走向存量开发阶段是当前我国土地政策的关键特征。按照《国土资源部关于印发关于深入推进城镇低效用地再开发的指导意见（试行）的通知》（国土资发〔2016〕147号）的要求，大力开展城市更新、加强城镇低效用地再开发是新时期城市开发建设的重要内容和必然要求。现状南宁市中心城区存在着一批利用低效的存量工业用地，这些用地占据着宝贵的城市空间，与城市空间的优化升级、产业的转型升级要求不相符合。近年来以上海、广州、青岛、佛山等为代表的先进城市，在推动中心城区工业用地"腾笼换鸟"方面取得了显著的成绩，南宁市应结合自身存在的问题，积极学习外部优秀经验，加快推进中心城区低效存量工业用地"腾笼换鸟"，以提升中心城区建设用地综合效益，为城市新兴产业的发展和城市建设腾出新的发展空间。

二、南宁市中心城区低效存量工业用地情况

（一）基本情况

现状南宁市中心城区范围内低效存量工业用地分为闲置型、低效型两种。其中，闲置型工业用地每年的产生量约为600万m²；低效型工业用地因为认定标准模糊，尚未开展存量情况统计，根据南宁市城乡建设委员会的摸底调查，目前南宁市低效型工业用地中旧厂房用地面积约为1323hm²，地块数量为175处，工业旧厂房面积占现状城市建成区总面积（38965hm²）的3.40%。

（二）存在的问题

主要表现在五个方面：①改造范围不全面。南宁市中心城区低效存量工业用地改造主要集中在闲置型这类用地，低效工业用地的改造活动开展相对较少。这一方面受政府职能部门对中心城区低效工业用地现状情况掌握不足、前期摸底调查不充分因素影响，另一方面也与低效工业用地更新改造过程中土地收储难度大、建设资金缺乏、工作开展困难有密切联系。②改造类型单一。"腾笼换鸟"改造方向以房地产开发为主，缺少对其他改造方向的实践探索。根据市住建委的统计，2010～2017年，存量工业用地改造为房地产的占93%，改造为其他用途的仅占7%。南宁市中心城区工业用地占建设用地的比例为11.2%，就比例而言已经明显低于柳州、玉林、贵港等区内城市，与区外的武汉、重庆、长沙、合肥等先进城市相比也有较大差距（表1）。若南宁市中心城区工业用地比例进一步降低，将对南宁市新增工业项目的布局与发展造成较大的影响。③低效存量工业用地大规模房地产化改造缺乏长期效益，不利于城市可持续健康发展。以一块100亩的低效存量工业用地改造为例，以5年为期，如工业用地变性为居住用地，改造为房地产小区，对于地方发展而言，可以一次性获得约3.93亿元的土地出让收益，而保留原有工业用地属性，通过土地出让只能收入0.33亿元的出让收益，两者之间收入相差11.9倍。但如若将年限延长至30年，扣除土地出让收益，低效存量工业用地房地产化改造可带来的地方生产总值其实仅为4亿元左右，带来的税收约为1亿元，但保留原有工业用地属性、发展工

业，则可新增的GDP总值约为150亿元以上，财政税收可达10亿元左右，从长远来看发展工业经济所带来的实际收入比房地产建设高出10倍以上（表2、表3）。对于南宁市而言，原有低效闲置工业用地大规模地改造为房地产小区，不利于城市的健康发展。④改造工作政府主导。以政府收购或收储方式退出的最多，政府协助转让的次之，土地使用权人自行转让的相对较少。⑤改造方式普遍以推倒重建为主。改造过程中，老旧工业厂房及相关设施的处理普遍以全部拆除为主，对仍具有使用价值、改造价值或具有一定保护价值的厂房设备保护不足。

南宁与其他城市工业用地占建设用地比例比较　　表 1

地区	区内				区外			
	南宁	柳州	玉林	贵港	武汉	重庆	长沙	合肥
比例	11.2%	22.9%	21.82%	21.38%	24.06%	25%	17.74%	15.35%

资料来源：根据各城市总体规划整理。

100 亩低效存量工业用地不同改造方向经济效益比较　　表 2

方式	按居住用地出让	按工业用地出让
出让价格（亿元）	3.93	0.33

注：单位面积出让价格以2017年第4季度为基准。

低效存量工业用地不同改造方向税收效益比较　　表 3

方式	房地产开发	工业建设
新增 GDP（亿元）	≥ 4	≥ 150
新增税收（亿元）	≥ 1	≥ 10

注：以30年为统计期限。

三、国内城市的成功经验

（一）上海做法

主要体现在六个方面：一是坚持政策引导。制定了《关于本市盘活存量工业用地的实施办法》《关于加强本市工业用地出让管理的若干规定》两个文件，规定了存量工业用地盘活责任主体（各区县政府）、实施路径（区域整体转型、土地收储后出让、有条件零星开发）、管理细则（存量补地价、物业持有率、公益性责任和低效闲置违法用地处置等）。二是注重淘汰机制设立。以"引""逼"结合的方式挖掘工业用地存量盘活的内在动力。三是鼓励多方参与。允许原土地权利人以单一主体或联合开发体形式进行地块改造，解决土地收储模式下原土地权利人积极性不高的问题。四是坚持规划统筹。在市级层面制定了存量工业用地的转型规划，明确规划工业区块内与规划工业区块外两类不同的工业用地处理方式。五是坚持公益优先。规定对于整体转型项目，优先保障公益性设施建设，然后进行经营性开发。对于零星盘活项目，规定开发商应通过土地补偿或物业补偿的形式向政府提供公益性服务。六是强化土地全生命周期管理。规定土地管理部门在办理用地手续前，应征询产业、投资、商业、建设等相关部门意见，明确存量工业用地盘活项目的产业类型、功能业态、运营管理、节能环保、物业持有以及土地利用绩效评估和土地使用权退出机制等，并纳入土地出让合同进行管理。

（二）广州做法

主要体现在四个方面：一是成立城市更新局专门负责改造项目，解决"三旧改造"工作存在的实施中权责不明晰、规划中目标不系统、执行中利益不均衡等问题。二是下放城市更新审批权到区。规定纳入城市更新计划的旧厂房微改造项目，由区政府审定项目实施方案。未纳入城市更新年度计划的，各区不得审批。市级层面负责城市更新年度计划、片区策划方案的审定。三是通过设立基金促进城市更新工作开展。成立了"广州城市更新基金"，支持采取政府与社会资本合作模式（PPP）的老旧工业用地的更新改造项目。四是坚持政策引导和规划引领。政策方面，制定了《广州市城市更新办法》《广州市城市更新基础数据调查和管理办法》《广州市旧厂房更新实施办法》等工作办法，形成了较为完备的制度体系。规划方面，编制了《广州市城市更新总体规划（2015-2020年）》，对城市更新的目标与策略、更新规模控制、更新功能引导、更新强度指引、空间管控指引、更新时序、实施机制等内容进行了明确。

（三）青岛做法

主要体现在三个方面：一是注重分类处理。原工业企业通过改建、扩建、新建等方式进行产业升级改造的，仍保留工业用途不变，不需另行补交地价。原工业企业转型升级为产业指导目录中确定的创新型产业项目的，可按照国家相关规定新设立为"创新型产业用地"，继续实行按工业用途和土地权利类型使用土地的过渡期政策，暂不补交地价。利用存量房产转型升级为生产性服务、体育、文化、旅游、养老、商服等服务业的，土地用途和权利人可暂不变更，如需增加容积率或拆除重建的，以协议方式办理。二是强调配套鼓励与政策扶持。在符合控制性详细规划的前提下，现有工业企业通过提高工业用地容积率、调整用地结构增加服务型制造业务设施和经营场所，其建筑面积比例不超过原总建筑面积15%的，可继续按原用途使用土地，但不得分割转让。将企业补交的土地出让金统筹用于本区域转型升级发展相关支出。三是强调区政府是土地盘活的主体。明确区政府负责划定工业用地转型升级范围，编制转型升级规划，明确转型升级发展方向、产业功能定位及布局、用地结构、开发强度，确定转型升级区域内基础设施、公共服务设施和其他公益性设施的功能、规模及布局要求。

（四）佛山做法

佛山市工作经验和特色主要体现在五个方面：一是注重树立先进典型。在推进"三旧"改造建设过程中，打造一批改造进度快、效果明显的先进典型，如佛山岭南天地，以点带面铺开"三旧"改造工作。二是注重制定扶持政策。针对旧厂房改造制定了规划、建设、土地、财政等方面的扶持政策，在土地管理方面，明确了权属确认、土地登记、土地出让、集体建设用地流转等政策。三是注重规划统筹。依据"三旧"改造规划，制定年度实施计划，明确改造的规模、地块和时序，并纳入城乡规划年度实施计划。四是注重完善工作机构和领导机制。明确市、区主要负责指导、审查和监督，以镇（街）为主推进实施，充分发动各方面的力量参与，进行督办考核和领导挂钩。五是遵循依法依规及和谐原则。工作开展坚持"政府引导、规划引领、属地实施、市场运作、分步推进、各方受益"六方面思路。

（五）经验启示

上述四个城市的经验启示南宁，中心城区低效存量工业用地再开发要做好以下几个方面工作：①要重视政策和规划的引导作用，做好低效存量工业用地的统筹管理工作，明确改造范围、方式和实施主体。②要强化存量工业用地的监管，建立淘汰机制，倒逼低效用地企业主动退出。③要适度推出低效存量工业用地改造的优惠政策，建立引导机制，平衡利益分配，引导和规范市场主体参与工业用地再开发利用。④低效存量工业用地改造应朝多元化方向发展，尽量避免全房地产化。⑤要认识分析老工业区遗留建构筑物的特点，根据文化、旅游、创意等新兴产业的需要，探索改造利用的多种可能途径。⑥要注重土地全生命周期管理，以此推动工业用地"腾笼换鸟"。⑦要注重保障和改善老工业区社会民生，加强公共设施和民生项目建设。

四、南宁市中心城区低效存量工业用地再开发建议

（一）工作目标

从2019年起，用三年左右的时间，完成中心城区低效存量工业用地的调查登记、改造规划编制工作，全市腾出存量工业用地5000亩以上，促进中心城区工业用地产业结构、土地利用布局和利用效率进一步优化，低效存量工业用地盘活长效管理机制基本形成。

（二）工作建议

1. 明确低效存量工业用地管理部门，加强工作组织领导

由市自然资源局牵头负责中心城区低效存量工业用地的盘活工作，制定《南宁市中心城区低效存量工业用地盘活工作方案》《南宁市盘活存量工业用地的实施办法》，会同市工信局、市城乡建委、各区政府组织开展低效存量工业用地的清查和处理工作，市其他部门在职权范围内做好相应服务工作。建立以市自然资源局为召集单位，包含市工信、城乡建委、旅游、商务、发改、环保、财政、文新广电、城投等政府部门以及城区政府在内的低效存量工业用地盘活工作会议制度，负责改造工作的组织实施、督促推动、指导检查和工作协调。进一步完善国土部门土地管理信息系统，构建低效工业用地公共信息平台与信息公开制度，鼓励有流转需求的企业在平台上发布信息和进行交易，积极培育

土地二级市场，促进存量工业用地有序流转。由片区政府作为盘活存量工业用地的责任主体，负责辖区内存量工业用地的使用管理。

2. 开展低效存量工业用地调查摸底，编制土地盘活规划

依据表4确定的判定标准，在中心城区范围内开展低效存量工业用地的调查摸底工作，将每宗用地上图标注，列表造册，建立数据库，摸清低效用地的现状和改造开发潜力，查清土地权属关系，了解土地权利人意愿。依据土地利用总体规划、城乡规划和产业发展规划，制定全市统一的低效工业用地二次开发专项规划，引领二次开发的有序推进。参考广州、深圳等地的拆迁改造做法，根据企业名录，对不同企业低效工业用地拆迁改造任务进行责任分解，根据企业用地现状、所属退出类型和现存约束因素等，制定每个地块低效工业用地再开发的具体方案，明确开发项目规模、开发强度、利用方向、资金平衡等，确保每宗工业用地退出"方向有安排、步骤有计划、效果有预期、资金有保障"。

南宁市低效工业用地类型划分与认定指标　　表4

类型		认定标准	认定标准设立依据
闲置型		闲置土地 空闲土地 停建停产类土地 关停并转类土地	《闲置土地处置办法》 依据产业地块实际情况认定 低效土地政策规定 政府相关政策规定
低效型	低强度使用土地	容积率	《工业项目建设用地控制指标》
		建筑系数	
	投入产出型低效土地	单位土地固定资产强度	《工业项目建设用地控制指标》 《广西壮族自治区产业园区节约集约用地管理办法》 《广西壮族自治区建设用地控制指标（试行）》
		单位土地产值	
		单位土地税收	
	不符产业导向型土地	限制类淘汰类产业	《产业结构调整指导目录》
		耗能超标（单位产值能耗）	
		排放超标（单位产值排放）	
		土地污染状况	
	不符合同契约型土地	开竣工生产合同时间	合同
		开发强度合同指标	
		产业绩效合同指标	
		投资额及强度合同指标	

3. 鼓励多措并举和多元更新，差别化处置低效存量用地

（1）根据利用现状，差别化处置低效存量工业用地。闲置型工业用地中，对政府原因造成闲置的，逐宗分析原因，落实责任部门，通过调整规划设计条件、落实拆迁补偿方案、完善基础设施配套等方式，尽快消除障碍，创造满足开工建设的必要条件。一年内不能开工建设的，可采用安排临时使用、协商收回等价置换等方式加以处置。对批而未征土地抓紧组织实施征地，落实被征地农民社会保障和补偿安置方案，创造"净地"供应条件；对不具备供地条件的土地，加快基础设施配套建设和前期开发进度，尽快形成供地条件；对因规划等原因暂时无法供地的，责成规划部门尽快落实规划建设条件。对企业自身原因造成闲置的，通过采取行政、经济、法律、诚信等综合措施，督促企业限期开发。对不按约定动工建设的，及时采取约谈、处罚，直至收回土地使用权等措施予以处置。对因司法查封无法开工建设的，主动与法院协商，达成处置意见，待查封解除后落实相关处置措施。对因群众信访等事项无法开工建设的，各城区政府、开发区管委会应在保护群众和土地使用权人合法权益的基础上，主动沟通协调，化解矛盾，促进开工建设。低效型工业用地中，对开发利用强度不达标的低效型企业，通过简化改扩建审批流程、鼓励增加容积率、允许土地分割转让等方式提升利用强度。对还在维持生产经营的投入产出型低效企业，由工信部门主动与企业沟通，提前筹划各种增效路径或盘活路径，如鼓励企业增资扩建、转型升级，融资支持、税收减免；亦可鼓励其转型开发；还可通过关停并转置换新型产业。对于设备淘汰或技术落后的不符合产业导向的低效企业，鼓励企业进行环保改造，或进行产业升级或产业结构的调整，或进行专业转型开发，或关停并转收购、回收或置换。对形成污染的土地必须实施污染修复、治理。

（2）坚持多方参与，多开发机制共推低效用地盘活。放宽市场准入，中心城区低效存量工业用地允许采取原土地使用权人自行改造、市场主体收购开发、多方联合开发、政府收购主导盘活利用四种方式进行更新盘活，市国土部门负责制定具体实施细则。

（3）鼓励多元更新，六大方向置换原有落后的产业。中心城区低效存量工业用地鼓励发展都市型工业、或建设各类型公共服务设施及商业办公设施、或营造宜居居住社区、或打造城市开敞空间、或开辟为各类型工业遗产保护地、或混合开发置换，以此优化城市产业结构、空间结构，优化土地资源配置，实

现中心城区发展经济效益、社会效益和生态效益的共赢。

（4）多举措拓宽低效存量用地更新改造资金筹措渠道。一是允许工业用地适当分宗登记。工业企业因生产经营等需要，在项目投资建设严格执行土地出让合同前提下，经规划、国土资源部门批准，可将土地出让合同中无限制性约定、实际投资额已达到开发投资总额的25%以上，且具备独立分宗条件的工业用地分宗办理不动产登记，原则上分宗数量不超过3宗且分割后每宗土地面积不少于10亩。二是鼓励利用社会资金开展"低效存量工业用地"改造。由政府统一组织实施的"低效存量工业用地"改造项目，在拆迁阶段可通过招标的方式引入企业单位承担拆迁工作，拆迁费用和合理利润可以作为收（征）地（拆迁）补偿成本，从土地出让收入中支付；也可在确定开发建设条件的前提下，由政府将拆迁及拟改造土地的使用权一并通过公开交易方式确定土地使用权人。三是设立转型升级专项基金扶持工业企业转型。利用转型升级企业补交的土地出让金，建立企业转型升级专项基金，统筹用于融资支持低效土地二次开发、产业退出、产业更替升级、研发补助、公共设施改造补助、容积率提升等低效用地退出的各种活动。四是优先推荐政策性贷款。对符合区域产业发展导向，在产业集聚、科技创新、总部经济等方面具有引领性、示范性作用的项目，优先推荐争取国家开发银行等政策性贷款。五是提供扶持奖励资金。在符合控规要求的前提下，对改造低效工业用地15亩（含）以上，且新建部分（含拆除重建、拆除扩建、厂区内空闲地新建）容积率达到1.5（含）以上的，给予扶持奖励：当$1.5 \leqslant$容积率<2.0时，新建部分全部建筑面积奖励35元/m²；当$2.0 \leqslant$容积率<3.0时，新建部分全部建筑面积奖励40元/m²；当容积率$\geqslant 3.0$时，新建部分全部建筑面积奖励50元/m²。但单个项目扶持奖励最高不超过300万元。

4. 创新鼓励政策，督促片区和企业主动盘活低效工业用地

（1）建立奖惩机制，督促片区与开发区开展盘活工作。一是实施新增建设用地指标的差别化奖惩机制。把盘活工业区存量土地的情况与该区域下一年度新增建设用地指标分配相挂钩，"倒逼"地方主动开展低效存量工业用地二次开发。对于存量盘活力度大的区域，在新增建设用地指标上给予适当奖励；对于盘活存量不力的区域，将适当扣除相应指标。二是把盘活存量土地情况作为开发区扩区的前提条件。加强对开发区工业用地集约节约利用的考核评估，并将评估结果作为开发区扩区升级的重要依据。

（2）建立制约机制，迫使企业主动盘活低效工业用地。一是规范同一企业多宗土地行为。对于同一企业集团有多宗土地、部分土地尚未建设或已建成，但投资强度低于规定标准的，不得安排新的项目用地。二是提高低效用地税费标准。存量工业用地投入与产出强度达不到出让合同约定要求或市有关节约集约用地控制指标的，企业必须在规定时间内增加有效投资或由辖区政府安排其他项目，若企业未在规定时间内增加有效投资的，则每年按照上限标准征收城镇土地使用税等相关税费。投入与产出强度未达到土地出让合同约定的土地原则上不得办理土地抵押登记。另外，相关部门加强综合执法力度，对于需要二次开发的地块，金融部门严格审查并限制新的贷款申请；环保部门加强环境监测，对存在严重环保违法的企业，加大处罚力度；另外，水电部门也加大制约力度。

（3）创新优惠政策，激发企业盘活存量用地的积极性。一是支持利用原有建筑转型升级。传统工业企业转为先进制造业企业，以及利用存量房产进行制造业与文化创意、科技服务业融合发展的，可实行继续按原用途和土地权利类型使用土地的过渡期政策。过渡期政策以5年为限，5年期满及涉及转让需办理相关用地手续的，可按土地新用途、新权利类型、市场价，以协议方式办理。在符合控制性详细规划的前提下，现有制造业企业通过提高工业用地容积率、调整用地结构增加服务型制造业务设施和经营场所，其建筑面积比例不超过原总建筑面积15%的，可继续按原用途使用土地，但不得分割转让。二是支持拆除重建转型升级。按照规划部门确定的用途，拆除重建转型升级后仍保留工业用途的，不需另行补交地价，但容积率不得低于国家规定的土地使用标准。按照规划部门确定的用途，拆除重建转型升级为服务业项目的，经批准可采取存量补地价的方式办理用地手续。原土地为划拨用地的，土地出让金总额为规划变更后土地评估价格与原用途土地评估价格总额50%的差额；原土地为出让用地的，土地出让金总额为规划变更后土地评估价格与原出让土地剩余年期评估价格的差额。三是允许结余土地分割转让。通过出让、依法登记取得房地产权证书的产业项目类工业用地，在满足原土地权利人自身需要后节余的部分，可向土地管理部门申请分割转让。四是鼓励通过土地置换推进企业向园区集中。中心城区内，位于高新技术开发区及经济技术开发区之外的传统工业企业，如果属于政府鼓励类或重点扶持类的产业，经依法审批，可以通过土地置换方式，迁入工业园区。

5. 注重生态环保治理，土地更新过程同步开展环境整治

低效存量工业用地转型开发、分割转让、划拨转出让前，土地使用权人应按照国家相关规定，组织完成土壤（含地下水）环境调查评估，并将调查评估材料报送环保部门；经环保部门认定存在污染并需治理修复的，土地使用权人应组织实施修复。相关土壤（含地下水）环境调查评估材料，纳入土地出让合同附件；如造成土壤（含地下水）环境污染的，在土地出让合同中须明确修复标准、时间等要求。企业异地迁建或依法关停，应制订搬迁过程中产生的废物和企业生产、存储设施处理处置方案，落实污染防治责任，防止发生二次污染和次生突发环境事件。

6. 关注原社区社会民生，保障老旧工业区职工合法利益

（1）加强公共设施和民生项目建设。在改造开发中要优先安排一定比例用地，用于基础设施、市政设施、公益事业等公共设施建设，或用于文化遗产和历史文化建筑保护。对涉及经营性房地产开发的改造项目，可根据实际配建保障性住房或公益设施，按合同或协议约定移交当地政府统筹安排。对参与改造开发，履行公共性、公益性义务的，可给予适当政策奖励。

（2）健全协商和社会监督机制。建立公开畅通的沟通渠道，充分了解和妥善解决群众利益诉求，做好民意调查，充分尊重原土地使用权人的意愿，未征得原土地使用权人同意的，不得进行改造开发。建立项目信息公开制度，对改造开发涉及的各个环节实行全过程公开，切实保障群众的知情权、参与权、监督权。严格执行土地出让相关程序，规范土地市场秩序，涉及出让的必须开展地价评估、集体决策、结果公示。

（3）做好职工安置，确保社会稳定。依据国家法律法规和规定妥善安置职工，切实做好职工养老保险关系转移与接续工作，处理好医疗保险和失业保险问题。要注重做好宣传动员工作，在落后产能关停后，通过开展再就业培训、给予经济补偿、落实社会保险等措施，努力为原有企业职工解决实际困难，开辟新的就业和再就业岗位，坚决避免集中下岗失业，防止激化矛盾和发生群体性事件，保持社会稳定。

7. 着眼未来城市管理需求，改革完善工业用地供应制度

（1）缩减工业用地出让期限。对于工业项目采取出让或租赁方式供应土地的，均明确原则上不超过20年；对于国家、自治区重大产业项目、战略性新兴产业项目等，需经地级以上市人民政府认定后，以认定的出让年期出让，最高不超过50年。各片区政府（开发区管委会）在引进项目过程中，组织国土规划、发改、财政等相关部门，根据拟引进项目的预计投资状况、吸纳就业能力、产业生命周期、产后税收情况等，综合确定土地供应方式及供应期限。

（2）探索工业用地分阶段出让工作。第一阶段年限一般不超过5年，以后阶段年限为50年减去前面阶段年限的剩余年限。每个阶段的出让金按年均出让金与出让年限的乘积计算。出让合同除约定土地坐落、面积、用途、容积率、投资强度等要素外，还要明确不同阶段合同的年期区间，约定验收合格后才可签订下一阶段出让合同。要建立多部门的竣工复核验收制度。第一阶段合同届满前三个月至一年，国土规划、发改、工信、建委及乡镇（街道）要联合进行竣工复核验收。验收不合格的，允许限期整改一次。整改后仍不合格的，待前一阶段合同期满，由国土部门收回建设用地使用权，房屋按重置价格结合成新评估确定金额进行货币补偿。

（3）鼓励租赁工业用地。鼓励工业用地实行租赁方式有偿使用，依法办理租赁国有建设用地使用权登记。经出租人同意，承租土地使用权可转租、转让或抵押。租赁期限届满，承租人享有优先承租权。为保障土地租赁者的有关权益，促进租赁工业用地发展，对于通过公开交易方式确定租赁使用土地的，明确土地使用者可凭与国土资源主管部门签订的土地租赁合同和缴款凭证办理有关规划、报建、土地登记等手续。在租赁期内，地上建筑物、构筑物及其附属设施可以转租和抵押。此外，对于采取先租后让方式使用土地的，设置了"2+3"的五年基建、投产租赁期和N年的出让年期，每一个使用期内均需通过验收评估后方可进入下一个使用期。

（4）探索工业用地实行"先租赁后出让"。工业用地实行"先租赁后出让"的，可先签订期限一般不高于6年的租赁合同和用地履约协议，每年租金按不低于出让年期50年地价的2%确定，一次性收取，并办理租赁国有建设用地使用权登记，土地使用权人可利用租赁土地抵押融资。土地租赁期内项目竣工投产且达到用地履约协议要求的，可签订剩余年限土地出让合同，地价款按土地出让金总额扣除已缴纳土地租金确定，土地使用年限以交付土地之日起算；未达到用地履约协议要求的，出租人可解除土地租赁合同，收回土地使用权，地面建（构）筑物按照用地履约协议约定处置。

（5）借鉴上海经验推行土地全生命周期管理。低效存量工业用地盘活应纳入土地全生命周期管理，规划及土地管理部门在办理用地手续前，征询产业、投资、商务、建设等相关管理部门意见，在用地手续文件中明确低效存量工业用地盘活项目的产业类型、功能业态、运营管理、节能环保、物业持有以及土地利用绩效评估和土地使用权退出机制等，纳入土地出让合同进行管理。

五、结语

中心城区内部低效存量工业用地的再开发涉及政府管理部门众多，单靠某个部门的力量是难以攻克的。总体而言，凝聚部门合力、完善工作制度、注重规划引领、吸引和扩大社会参与都有助于推进低效存量工业用地的再开发，值得不断探索和细化研究。

参考文献

[1] 杨伟，李晓华，廖和平. 重庆两江新区低效工业用地退出机制构建研究[J]. 中国市场，2018（29）：18-19，22.
[2] 罗遥，吴群. 城市低效工业用地研究进展——基于供给侧结构性改革的思考[J]. 资源科学，2018，40（6）：1119-1129.
[3] 余玥. 土地供给侧结构性改革背景下上海低效工业用地再开发的路径探讨[J]. 经贸实践，2018（12）：78，80.
[4] 刘天乔，饶映雪. 城市低效工业用地退出的模式对比与政策选择[J]. 学习与实践，2017（9）：33-39.
[5] 黄慧明，周敏，吴妮娜. 佛山市顺德区低效工业用地空间绩效评估研究[J]. 规划师，2017，33（9）：92-97.
[6] 何芳，王怡昕，代兵，徐小峰. 低效工业用地类型划分与认定标准研究——以上海为例[J]. 中国房地产，2017（21）：3-11.
[7] 李燕清. 广州市越秀区低效产业用地潜力释放模式研究[D]. 广州：华南理工大学，2017.
[8] 周亮华. 我国城镇低效工业用地再开发的长效机制探索[J]. 工程经济，2015（10）：16-20.
[9] 张晓章，蒋胜华，郑岘，薛卫星. 低效工业用地调查清理的实施及其盘活利用的研究[J]. 科技广场，2015（7）：140-144.

城市治理精细化诉求下的规划应对
——以贺州市为例

高鸿

摘　要： 治理精细化是城市治理提质升级的重要抓手。习近平总书记提出了"城市管理应该像绣花一样精细"的总体要求，城市规划作为城市治理工作中最优先、最基础的一环，必须将精细化要求落实到规划当中去，才能实现规划对城市发展的精细化和有效管控。本文结合贺州市在"多规合一"背景下城市总体规划及控制性详细规划编制探索的经验，分析当前城市治理精细化发展诉求，并提出相应的规划建议，包括：提升城市建设用地的精细化管理程度；提升城市规划管控内容的实操性；提升城市规划建设项目的综合协调水平，为城市治理精细化工作中的规划引导与实践提供参考。

关键词： 城市治理；精细化；弹性；实操性；共谋共建；实践参考

一、背景与意义

城市治理精细化是指精准、细致地解决城市问题的过程。"精准、细致"是城市治理的核心特征，而解决城市问题、提升居民的满意度与获得感是城市治理的根本目标。城市治理过程中，一直面临着规划管控手段粗放，规划时效性不强，与城市发展需求不相匹配等问题，给城市治理工作带来了较大困难。2017年全国两会期间，习近平总书记提出了"城市管理应该像绣花一样精细"的总体要求，指出要将精细化管理的要求贯穿城市工作全链条，把精细化要求贯穿城市规划、建设、管理、执法等城市工作各个环节。城市规划作为城市治理工作全链条中最优先、最基础的一环，必须严格落实精细化要求，实现规划对城市的有效引导和管控。

近年来，贺州市践行"多规合一"试点取得了一定成效，也凸显出一些问题，尤其是在"多规合一"背景下城市总体规划及控制性详细规划编制的探索，为城市治理精细化提供了宝贵经验和思路。

本文从城市治理精细化视角出发，梳理贺州市2009~2019年间规划实施情况，结合规划实践经验，分析城市治理精细化诉求。即城市治理精细化需应对城市发展的不确定性问题，消除规划管控"一刀切"问题，强化规划协调、共谋、共治策略，并针对这三个方面诉求提出相应的规划应对方法，为在城市治理精细化工作中的规划引导与实践提供参考。

二、城市治理精细化发展诉求

（一）城市治理精细化需应对发展的不确定性问题

城市治理目标之一在于促进城市发展动力合理、有效地转化为各类发展项目的推力。应当在种类繁杂、大量新的流动中寻找、激活其构成要素和驱动元素，将城市治理的内在生命活力激发，让城市治理成为抓捕和展现这个美好城市绚丽的生命有机体和有序化的过程[6]。由此可见，把握城市发展的流动性、不确定性和不可预见性，是新时期城市治理不断凸显的实践意义。

关于城市规划不确定性问题的相关研究指出：传统规划一般会选择多种不确定情景中的一种情况制定政策措施，但作为一个开放的复杂系统，城市又不可避免地受到来自外界各种因素的影响，受到单一经济增长理念主导，我国城市相关的战略布局、产业发展、建设模式、城市形态等方面存在单一性，难以适应环境的快速变化，从而导致频繁的规划修编，浪费大量的人力、物力和财力[7]，进而对既有空间规划产生影响。

城市的空间规划应当在城市战略重心、产业发展、建设模式、城市生活等多方面提升适应性，积极回应当前社会经济转型发展诉求。这样才能避免与当前社会经济的革新方向脱节，甚至导致城市错失发展机遇，陷入被动发展、被动管理的局面。

6　董慧，李菲菲. 城市治理：关于理念、价值及动力的哲学思考 [J]. 理论与改革，2019（4）：157-166.

7　赫磊，宋彦，戴慎志. 城市规划应对不确定性问题的范式研究 [J]. 城市规划，2012，36（7）：15-22.

（二）城市治理精细化要求消除管控"一刀切"问题

在城市治理过程中，管控"一刀切"现象由来已久，多数规划在制定管控规则时没有充分考虑被管控对象的差异性、现实问题的复杂性和长期性，制定出的管控规则针对性不强，在面向实施阶段时无法达到良好的管控效果。传统控制性规划控制内容的千篇一律使规划缺少弹性，技术内容和深度的一致使城市及各片区的特色消失。一方面，管控内容不精细，比如规划只限定约束性指标，往往只提出容积率、开发强度、建筑密度和建筑限高等缺乏精细化的空间管理信息，多导致城市空间的品质塑造缺乏抓手。另一方面，管控内容缺少针对性，比如在停车位指标、公服配建指标等内容的管控上，一个城市采用同一套配建标准，没有考虑到城市中新、老城区发展条件不同，指标需求也存在差异，从而引发项目开发时实际需求与指标要求不匹配，项目难以落地建设等重大问题。

（三）城市治理精细化要求空间规划强化协调、共谋、共治策略

与直接意义上的管理不同，从过程来看，城市治理体现为城市的政府、居民、各类社会组织等利益相关方通过开放参与、平等协商、分工协作等达成城市公共事务的决策[8]。在实践中，城市公共事务的多样性和复杂性使得参与者之间形成了一种复杂、多样、动态的互动关系。

城市治理包含互动和协调的特征，并且关注公共事务的参与者和利益相关者在平等的基础上形成广泛参与、沟通、协调和合作的综合机制，从而形成良性的互动方式和协调统一的决策活动。城市治理的目标导向，体现为化解多方利益冲突，形成共同目标，促成共同行动的综合性结果，协调、共谋、共治是城市治理走向精细化道路的重要因素。

城市空间作为城市各项活动的三维载体，包含着政府、企业、公民、各类社会组织等多方参与者的利益与诉求。传统的城市空间规划，包括总体规划、专项规划、控制性详细规划以及涉及各类建设项目的规划，更需协调各方利益

8　夏志强，谭毅. 城市治理体系和治理能力建设的基本逻辑 [J]. 上海行政学院学报，2017，18（5）：11-20.

诉求，形成共识、共赢的一张发展蓝图，才能实现更现实、更有效、更公平的规划管理。

三、应对城市治理精细化的规划策略

（一）增加城市空间布局的弹性，提升规划管控的适应性与引导性

从城市治理精细化的视角出发，城市的空间规划应当在空间布局、用地管理、项目管理等方面考虑预留出更多弹性余地，提升规划的适应性与引导性，以此更好地应对城市空间布局优化、城乡统筹建设、城市社区空间生长等方面的新情况、新诉求。

1. 预留城市用地布局优化的弹性空间

针对以往城市空间布局缺乏弹性调整余地的问题，贺州市在城市总体规划[9]层面提出了预留"白地"的规划策略。

"白地"，是指在规划建设用地之外预留部分不限定具体用地性质或具体建设指标的备用地。"规模刚性、布局弹性"是"白地"规划的基本原则和主要目标。"规模刚性"是指不突破城市发展规模的约束，使用"白地"则要调减相应规模的建设用地，保证城市建设用地总量控制。"布局弹性"是指可以根据城市产业发展、空间结构的实际情况，结合"白地"和其他建设用地的增减平衡，对城市局部的空间结构、路网关系、用地布局等进行具体调整，在延续城市整体发展框架体系的基础上优化提升。

根据贺州市城市总体规划对于"白地"的相关规定，只有市级以上重大项目选址需求，且经环境影响评估认定为合格的项目才能使用白地；且至少30%规模的白地用于公益性项目，保证"白地"使用尽可能地符合城市长远利益。

从精细化视角出发，城市的空间规划需为建设用地预留一定的弹性空间，提升规划灵活性。可在现有规范、标准的基础上采取规划"白地"、设置弹性道路、提升设施冗余度等方法，提升建设用地管控的弹性。在总体规划阶段，可以预留出发展条件和用地条件较好、与现有规划相互协调的"白地"。详细规划

9　参见《贺州市城市总体规划（2016—2035 年）》。

阶段则可以依据各个片区发展定位、诉求、具体建设条件以及白地的使用规则，在总量控制的基础上，进一步调整和细化用地布局方案，从而将预留的备用空间转化为适应当下实际的空间调整方案。

2. 预留城乡发展统筹建设管理的弹性空间

在产业发展用地的供给方面，贺州市探索了弹性供给的方法。产业发展用地既可以采取划拨供地方式提供给被征地农村集体经济组织，也可以按货币方式进行补偿安置。这样在一定程度上将选择权交给农民和村集体，为农民后续产业发展提供了更多的发展空间。

对于明确以划拨供地方式落实的产业发展用地，贺州市采取了市场主导、农民自愿、弹性管理的规划管控手段。在此基础上，为了提升产业发展用地建设的适应性和引导性，贺州市精细化地对中心城区每一块产业发展用地都进行了"产业发展+用地指标"的"双引导"。

在产业发展引导方面，贺州市根据各个控规单元的发展定位、现状建设、产业用地条件等，为每一个控规单元、每一块产业用地制定了产业项目引导清单。产业项目引导清单包括鼓励项目、引导项目和限制项目三类。鼓励项目是指符合政府相关政策支持鼓励，与片区发展定位相符的项目。针对鼓励项目，规划管理部门在建设用地和项目审批管理上从优从简，节约审批流程与时间，鼓励项目尽快落地建设。引导项目是对片区发展没有明显负面作用的居住、商业、文化、教育科研等项目，规划管理按照相应的政策法规进行常规化的审批管理。限制项目是不符合片区发展定位，甚至是对城市形象、交通、环境、安全等方面有负面作用的项目。原则上，规划管理严格禁止此类项目落地建设。

在用地指标引导方面，贺州市结合产业发展用地的面积大小、边界形态、与周边用地的关系等，为每一块地量身定制专门的用地指标体系——明确每一块产业发展用地可以选取的用地性质及其容积率、建筑密度、绿地率、建筑限高、配套设施等相应指标。这样既明确了各类建设项目可能的用地和建筑设计条件，加强了对项目的引导；同时也为规划管理部门落实项目、明确用地规划设计条件提供了必要依据，提升了规划管理的严肃性和有效性（表1）。

贺州市中心城区江南西 01 编制单元某农民产业用地开发指标指引　表1

地块编码	用地代码	用地名称	用地面积（m²）	容积率	配套设施	建筑密度（%）	绿地率（%）	建筑限高（m）
JN01-01-42	R2	二类居住用地	63149.53	2.2	居民建设运动场地、托老所、幼儿园	30	30	60
	A2	文化设施用地		1.5	—	40	35	24
	A3	教育科研用地		0.8/0.9	—	30	35	24
	A4	体育用地		0.6	—	40	35	24
	A5	医疗卫生用地		2.0	—	30	35	60
	A6	社会福利用地		0.8	—	30	35	24
	B1	商业用地		2.5	—	35	25	60
	B11	零售商业用地		1.0	—	45	25	18
	B2	商务用地		2.5	—	35	25	60
	B3	娱乐康体用地		2.0	—	40	25	36
	B4	公用设施营业网点用地		1.2	—	30	25	24
	B9	其他服务设施用地		1.2	—	30	25	24
	S41	社会停车场用地		0.1	—	10	25	10
	S42	社会停车场用地（立体）		2.5	—	60	25	24
	W1	一类物流仓储用地		0.4-2.0	—	≥25	25	24

3. 预留城市社区空间增长的弹性空间

在城市总体规划层面，贺州市依据人口分布和公共服务需求，建立相应的城市公共中心体系，以应对城市社区生长的发展趋势，积极解决人口老龄化等社会公共服务的实际需求。在控制性详细规划层面，贺州市采取布局和引导社区服务中心建设的方式，完善社区功能、提升社区环境质量、预留社区发展空间。在保障医疗卫生用地、社会福利用地等基本公共服务设施基本需求的基础上，各片区控规采取每"3万~5万人设置一处居住区、每处居住区至少一处"的标准布局社区服务中心，并以公共管理与公共服务设施用地的方式予以落实。

在空间规划的视角上，贺州市在总体规划及详细规划层面采取的一系列方法措施首先在用地方面保障了社区服务中心的建设空间和发展弹性。将社区服务中心规定为公共管理与公共服务设施用地这一大类，保证用地不被居住、商业或者其他社会投资项目所占用；没有将用地进一步细化规定为行政办公用地、文化用地等中类用地，为社区服务中心兼容文化、教育、医疗、社会福利等多元化的社区公共服务功能预留了充足的空间，将城市空间弹性渡让给其他社区发展需求。除明确社区服务中心以及卫生站功能，不对其他配套设施作出硬性规定，为容纳更多不同类型的公共建筑或服务功能保留发展余地，提升空间利用的适宜性。

（二）精准施策，提升规划实操性

在城市治理精细化诉求的背景下，城市规划应该精准识别城市问题、城市需求，因地制宜地提出规划策略，细化规划管控标准，提升规划的可操作性和实效性，消除城市规划、管理、建设之间的不协调问题。

在控制性详细规划中，部分用地类型允许兼容适量的其他用地类型，为市场经济条件下城市资源优化配置预留了空间。但是，土地使用兼容性属于一种弹性管控内容，如果用地兼容比例不进一步明确，则规划实施时会因管控弹性太大带来一定问题，比如无法较准确地预测和控制城市片区的各类用地总量；由于地块出让时各类用地价格不一样，地块的地价无法准确评估；可兼容用地的多少也会影响地块的建筑建造形式，从而影响城市空间形象。

贺州市针对此类问题，采取了相应管控策略，有效解决了地块发展需求。以居住用地兼容商业用地为例，《贺州市城市管理技术规定》中明确规定允许兼容的规划用地中，兼容用地比例不允许超过30%，30%的兼容比弹性空间较大，实际开发很难达到，就会因控制指标虚高出现如地价偏高、指标浪费等问题。因此，在控制性详细规划中，会根据居住用地条件，进一步明确商业兼容比。位于老城区的居住用地，一般商业兼容比控制在5%或10%，而在一些城市新区、门户地区等，商业兼容比控制在10%或20%，规划以期在三方面达到较好的管控成效：①地价评估相对准确。②较好地控制城市片区的商业总量，不会导致商业服务功能的不足或过剩。比如老城商业服务功能较为饱和，对新增商业用地需求不高，居住用地兼容商业用地的比例会相对较低。③从建筑建造形式和城市形象上考虑，老城区居住用地兼容商业用地比控制在10%以内，商业建筑形式基本是以底层商铺为主，和老城原有的居住用地兼容商业的建造形式相统一，老城风貌上实现协调。在城市新区和门户地区，居住用地兼容商业用地比控制在10%～20%之间，引导居住用地内商业建筑形式建造多元化，丰富新区商业服务功能。

（三）综合协调空间规划，共谋共绘发展蓝图

协调各方利益是空间规划的核心工作之一。各类空间规划编制和实施必须充分考虑和协调包括政府各部门、企业、市民以及各类社会组织的利益诉求，形成具有共识的发展蓝图，才能公平、公正地管控城市的空间资源，并形成发展的合力。

1. 综合协调片区空间关系，统筹全局性市政基础设施

给水、排水、雨水、污水、燃气以及电力、电信、环卫等市政基础设施是城市基本物资供应系统之一，是城市生产、生活等各方面活动正常开展的重要支撑。市政基础设施的建设往往涉及城市较大范围、不同片区的建设用地和项目安排，尤其是全局性市政基础设施更需要统筹考虑。在规划编制实施过程中，时有遇到规划用地布局调整与市政基础设施产生冲突，或者市政基础设施合理调整却无法落地的情况。其中部分原因即在于城市的详细规划编制一般采取分片区独立编制的方式进行，不同片区之间缺乏有效的协调机制。

为了综合协调片区空间关系，统筹全局性市政基础设施，贺州市在编制各个片区控制性详细规划之前，采取了统筹制定八大类市政基础设施图则的策略，通过工作前置的方法，主动消除各个片区之间的规划冲突。以贺州市旺高片区为例，前置统筹了该片区包括给水、雨水、电力等图则，使得片区内各控规管理单元间用地和设施布局得到了协调，并在后续控规编制中予以落实。

2. 精细化论证用地方案，协调各方利益诉求

规划管理的过程是引导各类项目符合城市发展要求落地建设的过程，也是协调和保障各方利益的重要手段。如何协调规划中的各方利益，这在很大程度上决定了建设项目是否利于城市发展。其中，从控制性详细规划到项目落实建设阶段是最为关键的过程。在规划管理实际中，贺州市采取精细化论证用地方案的方式，在过程中积极回应和协调各方利益。

以贺州市建设中路219地块控制性详细规划调整为例[10]。该地块位于贺州市建设中路和光明大道交叉口处，属于老城片区环境旧改提升项目。原有控制性详细规划已经给定了相应的规划设计条件，但不能满足旧改项目的发展诉求，导致相关建设项目迟迟不能落地。通过三维模型精细化论证的方式，规划管理部门梳理了规划建设条件之中的不合理之处，协调各方利益诉求形成了能够达到共识的规划设计条件，从而推动项目顺利落地。

通过优化容积率、建筑密度等控制指标，规划调整指标保证土地开发具有适当的经济效益，从而有利于引入社会资本参与城市旧城改造更新项目。通过三维模型精细化论证的方式，规划调整对于用地内建筑群体布局及其空间形象进行了论证，并反馈调整建筑限高等指标，引导城市天际线等优美三维空间的形成。此外，规划调整要求建设项目配建相应面积的农贸市场，从而在老城区紧张的用地条件中补充公共服务设施，尽可能发挥城市旧改项目的社会效益，让市民共享城市发展成果。

在规划调整指标的指导下，建设中路219地块的建设项目落地工作顺利进行，相关设计方案的功能布局、建筑群体形态、与周边地区的空间关系处理等均符合规划预期要求，有效回应了开发主体、规划管理部门、老城区居民等各方诉求，实现了多方共赢的局面。

四、新时期国土空间规划背景下城市治理精细化的规划展望

（一）进一步提升空间规划解决多元城市问题的实效性

在利益多元化与价值取向多样化的今天，城市问题显得日益复杂而难以界定。城市问题的复杂性决定了治理目标的多元化。面对多元化的城市治理目标，新时期国土空间规划更需要准确地识别城市问题，充分考虑城乡各片区之间的差异性和特色性，有针对性地提出有效的管控策略。城乡用地、城乡空间、城乡基础设施等都是和城市发展、人民生活息息相关的规划内容，在城乡用地指标控制、城乡特色空间与品质空间规划引导、城乡基础设施配置标准等方面应该制定精细化管控标准，提升规划管控的适宜性，实现城市治理精细化，真正

10　参见《贺州市中心城区老城片区 02 编制单元控制性详细规划及城市设计》。

地解决好城市公共问题、提供良好的城市公共服务、增进城市公共利益。

（二）进一步加深空间规划管控用地与建设的精细化程度

当前社会经济发展层出不穷的新经济、新业态对于城市空间布局的灵活性和适应性提出了更高的要求。城市建设用地是城市产业发展和各类建设项目的主要空间载体。能否对城市建设用地实施精细化管控，直接关系到城市社会经济转型和创新发展是否有足够的支撑基础和空间条件。城市总体规划等传统的空间规划偏向于采取单一的计划性、指标性手段落实规划意图，缺乏灵活应变的有效方法。在新时期国土空间规划创新编制的背景下，空间规划亟需提升建设用地管控的灵活性与应对性，适应社会经济发展的实际需求。

新时期的规划更需加强对于各类项目的建设引导，特别是涉及民生福利项目的建设引导，引导各类建设项目更好地符合当前社会经济需求。强化城市公共服务的底线保障，并从用地布局、设施配置等方面提升公共服务应对社会老龄化发展等适应性。对于各类社会投资建设项目而言，依据城市不同阶段、不同片区的实际需求，明确项目准入和限制清单，提升项目管控实效和建设效率。

（三）进一步加强空间规划作为公共政策工具和综合决策平台的职能

随着城市治理走向精细化，空间规划作为城市三维空间资源的公共政策工具和综合决策平台，必将发挥越来越重要的作用。一方面，空间规划作为综合协调平台，需要在城市空间层面凸显更大的协调作用。在当前全国开展国土空间规划工作的背景下，不同层次的国土空间规划应当在各个城市空间层次积极衔接、反馈、协调和落实各类规划构想和建设意图，将城市空间规划真正打造为通过空间层面综合协调落实城市发展战略的政策工具。另一方面，空间规划作为综合决策平台，需要进一步增强其公众参与的功能，在规划编制、反馈修改、管理实施等各层面、各阶段充分吸收利益相关方以及社会公众的意见，充分发挥共管、共治、综合决策平台的作用，真正实现城市治理和规划建设管理的初衷。

五、结语

随着社会经济发展方式的转变及城市转型的不断深化，人们越来越认识到城市治理精细化诉求包含着城市发展理念、建设模式以及空间规划编制与实施管理等诸多方面的主动升级。这就意味着整个城市社会经济的进步及其与城市空间进行多方面的协同发展，因而更需要城市规划在多层次、多视角、多方向进行反思和变革，并扮演不可或缺的重要角色。

城市转型发展和规划革新是一个需要不断探索的过程。本文是对贺州市规划编制与实施管理经验进行总结，为其他城市规划实践提供参考。未来空间规划在城市治理的新诉求下，还需不断在总结与反思中继续探索与创新。

参考文献

[1]　陈高宏，吴建南，张录法. 像绣花针一样精细：城市治理的徐汇实践[M]. 上海：上海交通大学出版社，2018：298.

[2]　董慧，李菲菲. 城市治理：关于理念、价值及动力的哲学思考[J]. 理论与改革，2019（4）：157-166.

[3]　苏茜茜，熊侠仙，严玲. 面向精细化管理的控制性详细规划制度探讨——基于常州市中心城区控制性详细规划评估的实践[C]. 规划60年：成就与挑战——2016年中国城市规划年会论文集，2016.

[4]　赫磊，宋彦，戴慎志. 城市规划应对不确定性问题的范式研究[J]. 城市规划，2012，36（7）：15-22.

[5]　吴晓勤，高冰松，汪坚强. 控制性详细规划编制技术探索——以《安徽省城市控制性详细规划编制规范》为例[J]. 城市规划，2009（3）：37-43.

[6]　夏志强，谭毅. 城市治理体系和治理能力建设的基本逻辑[J]. 上海行政学院学报，2017，18（5）：11-20.

[7]　盛科荣，王海. 城市规划的弹性工作方法研究[J]. 重庆建筑大学学报，2006（1）：4-7.

[8]　杨重光. 城市多元化与社会多样性[J]. 科学与现代化，2016（3）：134-141.

[9]　张衔春，单卓然，许顺才，洪世键. 内涵·模式·价值：中西方城市治理研究回顾、对比与展望[J]. 城市发展研究，2016，23（2）：84-90，104.

市场主体参与乡村振兴的瓶颈制约及破解之策

孙永萍

摘　要：市场在资源配置中起决定性作用，并通过市场主体之间的市场化运作实现资源的流转，因此，实施乡村振兴战略要激发市场主体活力。我国社会资本进入农业市场的动力和活力虽有所增强，但仍存在着系列矛盾，亟待构建农村多元化市场主体格局和探索多元主体之间的制衡机制。以辨析市场主体在乡村振兴中的地位与内涵为出发点，明确主体成员构成，理清市场主体的行动方向，明晰市场主体参与乡村振兴的瓶颈，并从行为引导、政策扶持、市场运作、风险防控和改革创新五个方面针对性地提出乡村振兴市场主体的市场运行稳定性对策。

关键词：乡村振兴；市场主体；破解策略

党的十九大报告提出实施乡村振兴战略，要坚持农业农村优先发展，按照产业兴旺、生态宜居、乡风文明、治理有效、生活富裕的总要求，全面推进乡村复兴。乡村振兴战略的参与主体是多元的，除坚持农民主体地位外，更不能忽略"农外主体"，《乡村振兴战略规划（2018—2022年）》中也明确提到要健全多元投入保障机制，加快形成财政优先保障、社会积极参与的多元投入格局，调动各方力量参与乡村振兴、明确各主体权责利是推动乡村振兴实施的推动力。

随着农村的制度性障碍清理和创新性制度探索，社会资本进入农业市场的动力和活力有所增强。但放眼实际，在多元主体的博弈过程中，利益矛盾也进一步凸显，亟待构建农村多元化市场主体格局和探索多元主体之间的制衡机制，针对性地提出涉农市场主体的市场运行稳定性对策，充分发挥市场主体在乡村振兴中的作用。

一、研究价值与意义

（一）背景与问题

1. 乡村振兴战略要求加大农村基建投资力度，但公共项目市场化运作基础薄弱

按照《乡村振兴战略规划（2018—2022年）》的部署，要加快乡村投资，补齐农业农村发展的短板。中国农村历史欠账过多，尤其在农村基础设施领域，这是农村基建的短板，推动农村基础设施提档升级，是乡村投资需求的巨大缺口，初步统计，要落实乡村振兴战略规划今后五年的重点任务，投资规模至少在7万亿元以上。

以广西为例，广西印发的《乡村振兴产业发展基础设施公共服务能力提升三年行动计划（2018—2020年）》中，实施乡村振兴产业发展、基础设施和公共服务能力提升三大专项行动，测算的总投资就达到3941.46亿元。未来几年内，农村道路、医疗教育公共服务设施、农村人居环境整治和乡村风貌提升、农村水利、能源供给、环境卫生治理等基础设施类方面的投资来自金融的资金需求十分巨大，但从项目的性质来看，绝大多数为公益性项目或准公益性项目，财政、发改、农业农村等部门虽有相应的措施和资金，但投资存在着投入量与现实的需求差距，只有通过社会资本的介入、市场化的运作，才能实现更快的覆盖，有效促进城乡基础设施互联互通。

2. 各类资金向农业农村流动的体制机制尚未健全，投融资瓶颈难以破解

乡村振兴战略以"五个振兴"为路径，把产业发展摆在第一位，农业农村部制定的《2019年乡村产业工作要点》中也重点涉及了7大类22个乡村产业政策项目，表明了对农业及其他产业的支持，以经济作为乡村发展的第一支撑，推动乡村振兴战略落实。乡村投资不像城市投资，只要有基础设施的投入就有很大的升值空间，农村的资产受限于体制问题，其资产价值的体现在于各类资源创造的使用价值，但表现为流动性不足。在乡村农业产业和乡村旅游大转型大融合的趋势下，陆续出现了农旅综合体、现代农业示范区、现代农业产业园、特色小镇、田园综合体等社会资本进入农村市场的投资平台载体，社会资本以多样化的项目为载体进行投资，农民、集体经济和产业资本联姻产生巨大的金融需求，但在各类资金向农业农村流动的体制机制尚未健全的情况下，社会资

本进入仍小心翼翼，存在乡村发展实际和市场脱节的问题，需要进一步探索社会资本在农业农村领域投资增长的机制和模式。

（二）目的与意义

实施乡村振兴战略是一个相对漫长的过程，要运用科学的方式方法，调动各方资源与力量，进行统筹性、系统性、持续性的推进实施，才能实现乡村经济的持续发展。就乡村振兴的诸多建设任务而言，如果没有市场作用的充分发挥，单纯靠各级政府主导和投入，乡村振兴所采取的举措充其量只是在短期内可行，长期不一定可持续。市场主体作为市场经济发展中最为活跃的决定性力量，在乡村振兴发展进程中，可以看到市场主体对乡村振兴带来的作用是巨大的，主政者聚焦聚力市场主体成长的思路也逐步清晰，唯有激活市场要素，调动各方力量投身乡村振兴，才能真正实现人才、土地、资本等要素在城乡之间的双向流动和平等交换，为乡村振兴注入新动能。

二、市场主体在乡村振兴中的地位与内涵

（一）乡村振兴农民主体地位的确立需依靠市场主体等外部动力激发

乡村振兴战略是一个多元主体参与共建共治共享的过程，市场主体和资本要素是实施乡村振兴战略缺一不可的重要保障。乡村振兴的三大主体即政府、农民、市场主体，明确各主体权责利是处理好乡村振兴主体关系的一条主线。2018年中央一号文件强调了要坚持农民主体在实施乡村振兴战略中的地位，从实施乡村振兴战略的初衷即农民是最终受益主体以及农民群众基础的广大性看来，农民的主体地位是毋庸置疑的，主体地位的落实由农民在其中的参与度和能动性决定，农民的最终受益成效是衡量乡村振兴战略实施效力的标准。但从我国农村长期发展的结果来看，土地、金融、保障制度等影响着农民市场主体地位的确立，在一定程度上限制了农民主体作用的发挥，也侧面反映出农民主体的确立还需要辅助力来推动，需要把政府主导、农民主体、企业主力有机统一起来，通过一些物质性、政策性的外在元素刺激农民主体的内生动力形成。而政府和资本主体恰好可形成一种自上而下的外部激发力，政府以政策、制度

注入，以行政扶持方式充分尊重农民在经济活动中的主导地位，是乡村振兴的保障力；企业以资金、技术介入，将乡村的土地资源与企业的科技、金融资源有效组织换取企业发展需求，是乡村振兴的推动力。

（二）乡村振兴释放的发展需求凸显着市场主体的重要地位

乡村振兴重点解决"人、地、钱"的难题。在"人"方面，乡村振兴战略的实施除了新型职业农民、返乡创业人员、农民企业家等乡村能人，更需要农业科技人员、农业职业经理人、乡村规划师、建筑师等专业人才队伍的建设，社会力量是乡村产业升级和建设发展的人才支撑；在"地"方面，土地是农村最重要的经济资源之一，激活承包地、宅基地、集体经营性建设用地，才能将城市的更多资金带到农村，而其中市场在土地资源配置中起到了决定性作用，尤其是农村土地征收、集体经营性建设用地入市、宅基地制度改革等措施的放开，使农村成为金融投资新的热点和增长点；在"钱"方面，乡村投资能力存在巨大缺口，从现阶段投资主体构成看，上级财政投入始终是乡村产业发展、乡村基础设施建设和农村人居环境整治等领域的重要资金来源，但财政资金的投入十分有限，尤其需要市场主体的资金支持力度。破解"人、地、钱"难题，除了系统性的制度安排，市场主体体系在乡村振兴战略中亦发挥着至关重要的作用，可以有效实现资源配置。

三、市场主体在乡村振兴中的作用和参与瓶颈

（一）乡村振兴市场主体解析

从农村发展需求看，乡村振兴战略的实施使其发展方向和理念发生了变革，农业农村现代化要从多领域加快推进，国家发改委联合农业部发布的《关于推进农业领域政府和社会资本合作的指导意见》中指出重点引导和鼓励社会资本参与农业绿色发展、高标准农田建设、现代农业产业园、田园综合体、农产品物流与交易平台、"互联网＋"现代农业六大领域农业公共产品和服务供给。可以看到，国家政策更倾向于引导社会资本投入到农业重大项目中去，而要具备这样投资能力的企业，必定是优质的农业企业或社会资本，当然投资能力和优

质与否根据不同的项目是相对而言的，首先重要的一点是必须具备一定的投资能力，这对市场主体的定义是相对狭隘且严格的。

从乡村振兴目标看，战略实施的最终目的是改变城乡发展不平衡的状态，并以产业振兴、人才振兴、文化振兴、生态振兴和组织振兴为具体实施路径，振兴的投资领域是多元化的，不仅包括乡村经济产业发展、基础设施和公用服务设施建设、乡村人才的输入和培育，还包括乡村意识形态建设、生态环境防治、基层组织自治。市场行为本身是一种追求利益最大化的行为，市场主体的介入是基于资源互换的基础上实现的，在产业、人才方面市场主体可以做到输血式援助，但在文化、生态和组织方面的振兴，超出市场行为范畴，更依托于乡村内部的造血式发展，这也表明乡村振兴需要依据乡村振兴的需求构建多元化市场主体体系来应对，以谋求不同主体的互动与组合带来更多可能性和可行性，这也进一步放宽了市场主体的条件，市场主体不仅仅局限于投资能力，其发展和带动能力也是重要条件。

我们平常所说的市场主体是市场上从事交易活动的组织和个人，即商品进入市场的监护人、所有者。依据以上分析，乡村振兴中的市场主体是指参与到与乡村振兴战略紧密关联的，通过将资金、技术、人才、科技注入乡村资源实现乡村劳动力、土地等基本要素活化，有效促进乡村资源价值化实现形式创新的组织或个体。

理清市场主体的行动方向，明确主体成员构成，是更为有效激发市场主体在乡村振兴中发挥作用的重要环节。从政府角度看，政府希望市场主体在其引导和制定的规则下，更好地发挥财政投资的作用并加快投资效率，重点解决"钱"从哪儿来的问题，起辅助和协调作用；从乡村角度看，希望通过市场力量实现价值和资本的平等交换，市场在其中不应损害农民利益，两者要互为制衡，带动和造福农民；从市场主体本身视角看，希望不断创新和打破制度壁垒，让流入农村的资金为其创造更大的利益价值，同时也为农民农业发展指路，实现合作共赢。综上，市场主体在乡村振兴中的作用可以总结为三点：一是投资的主体；二是农村资源开发运营的领路人；三是制度改革和创新的媒介[1]。

（二）乡村振兴市场主体的分类与参与瓶颈制约

随着现代化农业和乡村产业的发展，我国农村市场主体已经形成了多种主体竞相发展的体系结构，可总结为三类：龙头企业、金融供给平台和新型农业经营主体。

1. 龙头企业

龙头企业是产业兴旺的重要推动力量，具有一定的投融资能力，往往作为农村开发项目的投资和谋划主体，以市场化运作的思路，帮助农村科学规划产业发展路径，有效带动农业发展方式的转变，进一步提升农业项目发展的竞争力和效益，进而更好地服务农民增收和乡村振兴。同时，企业的介入还可以有效提高农业组织化程度，引导和培养农民向农民企业家和企业管理人员转变，是构建现代农业产业体系、生产体系、经营体系的重要参与者和领军者，有利于推动当地乡村经济管理模式的转变。但在实际的农业产业化经营过程中，龙头企业与农户之间存在着明显的不对等谈判力，企业对投资的风险和可获取的利益较为看重，或因社会责任意识不足，在某种极端的情形下还会存在侵占农民利益、合作双方制衡机制缺失的情况，尤其以土地制度为矛盾激发的核心。进而也导致企业的运作方式在农村地区受到一定局限，合作机制和参与机制难以处理，企业运作质量不高。要推动农村要素与城市资本的高效对接，关键在于优化以政策体系为关键的支撑机制和合作利益制衡机制，才能保证达成合作共赢共识，消除各种行动阻碍。

2. 金融供给平台

金融供给平台是促进金融资源流入乡村的保障力量，是乡村振兴的主要资金支持力量，在乡村振兴过程中为农村公益性基础设施建设项目、乡村企业、乡村经济组织或个体提供金融服务的平台，它包括正规金融机构和非正规金融机构两种[2]，这其中以正规金融机构在乡村振兴中发挥主导作用。正规的金融机构又由以中国农业发展银行为首的政策性金融机构，中国农业银行、中国工商银行、中国银行等商业性金融机构，农村信用合作社为主导的合作性金融机构，以及小额贷款公司、信贷组织、典当行等其他形式的乡村金融组织构成。但就实际情况来说，正规的金融机构受限于农村市场的分散化、风险性、差异性，其金融产品和服务范围相对于城市来说更为局限。而像民间借贷、集资、小规模民间金融组织等非正规金融机构虽在金融活动中更具灵活性，但其组织发展成熟程度与各地的经济发展水平有关，更是与当地农村经营活动的组织化、市场化和需求差异化息息相关。乡村金融风险问题，是导致现存金融供给和需求之间脱节问题的原因所在，乡村普遍存在生产组织化程度低、抵质押物不足、市场机制不健全等问题，防范和化解农村金融风险、加速各类产权制度改革、规范金融机制制度设计及政策保障是激活农村经济资源的主要手段。

3. 新型农业经营主体

新型农业经营主体本研究主要是指经营大户、家庭农场、农民专业合作社等以农民力量为主体的组织，属于农民合作经济组织，是农民先进力量的带头人，相对于企业资本的趋利性质，新型农业经营主体从农村中来到农村中去，从基层经济组织的目标来看，是依靠农民主体实现乡村振兴的目标、保护农民利益、改善农民在市场中的地位的有效途径，所以在某种层面上来说更具为地方服务的社会责任意识。但新型农业经营主体仍存在经济利益追求与为农服务之间的平衡关系，难以避免自私自利思想导致农村基层经济组织对农户的实际影响力逐渐被削弱。新型农业经营组织更依靠政府优惠政策保证市场竞争力，支持新型农业经营主体的培育和发展，从内部挖掘和激发农村活力，需要破除释放市场创业活力的机制障碍，保证农村市场机制改革取向与保护农民利益置于同等重要位置。

四、市场主体参与乡村振兴的破解之策

（一）意识觉醒，平衡社会责任意识和投资价值

依赖于政府上位规划和政策导向的现实基础，从战略性和关系投资[3]的角度认识承担社会责任的重要性和意义，激发多元市场主体的主观能动性，唤醒市场资本参与乡村振兴的责任意识，相互衔接共同构成市场主体的社会责任。转变农村投资思维，以社会责任打破乡村金融意识形态环境的约束，是一种增加投资主体无形资产和价值资产的重要形式，增加对农民和农村发展的回馈能够有效促进农村经营活动的有效开展。激发市场主体的责任自觉[4]，回归根本是人才振兴，按照"吸引人才，赢增量；培育人才，挖存量"的思路，大力支持农业企业家、农业新型农业经营主体、新乡贤和职业农民的创新创业，引导其发挥企业家和带头人精神。意识引导，抓典型示范带动，选择一批有代表性的农民合作经济组织进行重点指导和扶持，在行动示范、技术贡献、规模带动和分配方式上提高合作经济组织的效率，唤醒农民的合作意识和素质。

（二）政策完善，清理市场主体投资制度性障碍

农村投资普遍存在周期长、回收慢的问题，尤其在农业生产上一般呈现线性投入产出模式，投资者可通过提高生产效率或降低成本的方式提高投入产出效率，降成本作为供给侧结构性改革的目标之一，也是稳定市场投资预期的关键，有利于提升市场主体活力。改善农村经济运行环境在各类市场主体公平竞争的基础上更离不开政府政策的配合和支持，以农业生产为例，市场主体在乡村的投资包括材料成本、人工成本、风险成本、制度性成本等各类成本支出，而其中，外部环境成本的改善则需要通过行政干预和政策倾斜的方式才能实现。投资政策环境的改善影响着市场主体在乡村经济振兴中的主观能动性，强化乡村振兴战略的制度性供给，为乡村金融的发展提供良好的外部环境，可提高农村资源的价值转化率，将现有资源转化为资产，进而促进资产转化为资本，引导市场资金回归农村。在政策支持上，一是制定和完善农村融资担保、小额信贷、农业保险、非正规金融等方面的法律制度；二是加大对乡村金融机构的政策扶持力度，充分利用财政杠杆，以政府介入为涉农融资担保体系和农业风险补偿机制的设立分散和补偿金融机构的金融创新风险，设立政策性担保基金，充分调动金融机构参与乡村振兴的积极性；三是加强农村在财政补贴、税收减免、融资配套、农村土地制度改革、农村集体产权制度改革、农村宅基地制度改革等重点领域的探索，积极打造制度改革试点平台，增强改革的系统性、整体性、协同性，使之能够灵活适应市场化运作要求。

（三）利益制衡，推进乡村金融市场化建设

各市场主体在国家政策导向中对乡村经济的市场发育和运行都有着不同的价值，多元主体在博弈过程中互为促进、互为激励，积极发挥涉农企业、新型农业主体与金融机构的有机联系，可促进乡村经济体系更有效率。充分发挥市场机制在利益联结方式、收益分配方面的决定作用，政府应尽可能减少干预，通过政策倾斜方式鼓励多元主体之间建立紧密型合作关系，形成"龙头企业+农户""政府+龙头企业+金融机构+农户""农户+龙头企业+担保机构"等多种方式的经济联合体，在市场竞争中，达成符合各方心理预期的利益分配共识，并以新的经济组织形式和经营方式建立稳固的利益共生基础，有效推进乡村金融

市场化建设，最终形成一个多元化、功能互补、合理分工、适度竞争的乡村金融市场，构建一个符合市场经济要求的竞争秩序，促进更多的金融供求主体下沉农村，满足乡村金融需求主体的多样化和多层次需求。

（四）信用建设，改善农村金融运行生态环境

农村经济信用环境建设是阻碍乡村经济振兴的薄弱环节，破除乡村金融改革的制度性缺陷，有利于提升信贷投放的可介入性，营造利于乡村振兴的良好氛围，促进金融市场的健康运行。多层级、多方位、多角度构建良好信用体系环境，有利于改善农村金融运行的政策环境。一是强化监管，高度重视农村信用制度建设，填补农村金融法律制度，加大农村信用意识的宣传，加大维护金融债权工作的支持力度和不诚信行为的打击力度。二是信用覆盖，推进信用建设向农村延伸，构建农村征信体系，加快农村信用信息数据库建设，充分利用大数据及互联网技术开展信用评级活动，透明化信用信息，为金融机构或信贷人提供信用查询服务和信息共享服务，加强对客户风险的识别，降低金融平台的运行风险，也提高金融服务效率。三是信用联结，推行金融与农业产业链相结合，捆绑产业链各环节的融资需求主体，通过农业价值链金融[5]降低金融服务供给过程中供给主体的选择风险。推广完善农户联保、联合担保机制，通过市场主体之间优胜劣汰的自组织选择促使市场主体之间形成利益紧密联结的关系，在联保小组内承担连带责任，充分发挥成员信息互通的作用，解决金融机构信息不对称问题。

（五）深化改革，强化金融产品和服务方式创新

为了更好地满足乡村振兴多样化、多层次的金融需求，提高乡村金融市场的运作效率，需要加快乡村金融创新步伐。一是完善乡村金融体系建设，坚持以服务"三农"为导向，发挥政府的政策引导作用，推动开发性、政策性银行在乡村重点领域和薄弱环节加大对乡村振兴的中长期信贷支持，同时，通过风险分担和补偿促进商业性银行在"三农"领域配置更多的信贷资源，开展更多的普惠金融业务，形成开发性、政策性金融与商业性金融互补合作的良好局面，在把信贷资金投入基础设施改造、土地整治、农村人居环境建设等重大项目领

域的基础上，满足更多农业适度规模经营中农户和新型农业经营主体的资金需求。重视非银和非正规金融机构的规范化发展，在融资程序和监管体系方面出台相应的法律约束，充分发挥多层次金融体系以及金融机构的联合作用。二是拓宽抵质押物范围，在农村资源流转机制可操作的关键环节发力，通过扎实推进宅基地使用权确权登记颁证、引入动产抵押等方式，鼓励扩大可接受的质押物范围，如推进农业订单、农作物、大型农机具、农村集体建设用地使用权、承包土地使用权抵押等方式，解决基层农民或组织的抵押和担保难问题。三是关注多样化的融资需求，根据地方区域、行业领域的融资需求差异和特点，探索产业链金融模式，提供与产业链各个环节贷款主体生产周期相匹配的个性化金融服务产品，在额度、期限和还款方式上作出灵活多样的调整。四是发挥金融科技渠道优势，持续开发适合农村的网络金融产品，在金融产品和服务模式上不断创新，为线上渠道的贷款、融资提供便捷的通道，通过信用风险、支付结算风险把控实现金融的良性循环，也通过网络金融产品扩大乡村振兴金融服务的覆盖面。

五、实证研究

（一）台湾渔业小镇概况

台湾渔业小镇是一个以现代渔业、休闲旅游、生态观光为一体的农渔业项目。项目基地选址于合浦县闸口镇港湾区，范围涉及庆丰村、大路山村、茅山村、新平村、福禄村5个行政村，总户数3265户，约15157人。片区濒临海湾区，自然资源丰富、海洋资源富饶，具有得天独厚的生产发展和旅游开发条件。依托于优越的地理位置和交通便利条件，形成了以养殖业和捕捞业发展为主的乡村产业道路，是乡村劳动力解决生计问题的主要渠道之一，农民人均纯收入约12500元。

在桂台发展战略强力推动的大背景下，合浦县与台湾渔业公司（以下简称渔业公司）签署了项目合作协议，在国家政策、资源禀赋、市场需求等要素的驱动以及合浦县与渔业公司的友好协商下，双方在发展目标上达成共识，在互惠互利中实现合作共赢，拟通过渔业公司投资契机，打造台湾渔业小镇，通过该项目带动辐射周边发展，把区域的产业项目整体统一规划，打造渔业休闲产业链，将该区域打造为一个集现代渔业、富硒种植、乡村旅游、生态观光功能为一体的田园综合体，以点带面，共同描绘从渔业小镇到田园综合体的宏伟蓝图。该项目是加强桂台经贸文化交流合作、推动北海农渔业快速发展和转型升级的重点部署。

项目在规划范围上分两部分推进，一是台湾渔业小镇4300亩建设规模的核心区，二是约25km²的辐射带动区，将周边村庄纳入范围，整体规划、全面发展，发挥核心区以点带面效应辐射带动周边村经济发展。田园综合体整体规划分为台湾渔业小镇、富硒农产品综合开发示范区、红树林滩涂湿地生态区、观音山风景名胜区、矿山遗址修复区、渔耕民俗文化区、城镇综合服务区、老鸦洲墩岛八大分区，按照政府统筹项目、渔业公司投资项目、社会招商引资项目策划了近40余个项目，其内容包含现代农渔业、旅游休闲、培训教育、田园社区多个板块，围绕渔业资源优势主导产业，优化组合各生产要素，各功能板块契合、互补，形成一、二、三产融合、乡村兴旺的产业合作示范区。在推进时序上，项目按照"一期以核心区重大基础设施建设为主；二期以核心区渔业产业发展配套设施建设为主；三期以旅游项目发展为主，辐射带动整个片区"的建设开发思路，对项目进行了开发时序上的安排，并测算了每个阶段的投资额，从投资额分配比例可以看出，社会资金是项目建设资金需求的重要组成部分。

核心区台湾渔业小镇将作为首期开发板块，也是渔业公司投资的重点板块。小镇规划形成"两轴、三心、两片区"，整体上划分为旅游和生产两部分，旅游部分结合矿坑遗址以及周边田园风光打造养生休闲度假区，其中包含：鱼观光体验工厂、田园农耕观光体验园、养生度假区。渔业生产区域，包括有养殖鱼塘2000多亩、生产配套设施、服务设施等。在生产板块，目前渔业公司已经通过流转农民1000亩的鱼塘用于池塘现代化改造并完成一期投产，按照渔业公司在北海的发展战略，未来将在既有海洋资源和渔业资源的基础上，运用公司在台湾的先进技术、优良品种、经营理念和管理模式，与当地养殖大户或农民建立良好合作共赢的战略，促进本地化渔业向"新品种、新技术、新理念、新模式"发展，同时建设一条以冷冻、干鲜和水产品加工为主的生产线，实现产业链深化和优化的双重提升。通过企业的产业优势，可进一步将此区域打造为北海水产品加工集散中心，提升渔业价值链，有效促进渔产品的就地转化和劳动力的就地就业，为当地乡村振兴提供坚实的产业支撑。在旅游板块，通过宝岛文化产业和当地旅游资源的创意开发和市场化运作，挖掘农渔业的非生产功能，按照农田田园化、渔场产业化、城乡一体化的发展路径，将现代化农渔业与养生度假、休闲娱乐、田园观光、渔耕体验功能相融合，为现代都市提供新的乡村旅游和消费市场，也为周边区域村庄发展创造条件。

（二）项目推进过程中的困境

项目整体规模和投资额较大，所涉及的利益主体复杂，从项目的策划到落地，将面临资金落实、合作协调、市场对接等一系列问题和挑战，在项目的推进过程中，多方主体的利益权衡矛盾也围绕核心问题展开。

1. 主体合作框架机制不完善

渔业公司作为一个资本或股份主要掌握于个人手中的家族企业，同时作为一家外资企业，更倾向于低负债、回报期长的投融资模式，但是由于两岸金融合作和经贸关系的脱节，加上渔业公司本身性质而形成的经营模式、财务状况等信息不透明、不对称以及可抵押资产少等制约因素，导致渔业公司在金融机构融资和政策性资金扶持方面不具备优势，且农业投资回报周期长，整个项目的运转都需要依靠自有资金和项目的运营收入来维持。在这样的情况下，渔业公司希望政府能协助解决乡村基础设施的投入问题，也有意引入田园社区类地产开发模式平衡短期收益压力。从政府角度出发，还需要站在经济效应和公共利益的角度去平衡，一个是避免渔业公司靠圈地行为作为短期刺激经济的手段，不能够成为当地经济的持续动力支撑；再一个是考虑该项目的地理位置，东部海域有国家级红树林生态自然保护区，在资本进入的过程中，生产项目和旅游项目的开发极有可能会破坏当地的生态环境，如若有损坏公共利益和其他主体利益的行为，会大大增加当地政府的生态环境维护成本。加上该项目乡村领域投资需求存在巨大的缺口，特别是在公益性项目方面，政府有限的预算内资金支出能力与投资需求不匹配，政府投资与市场投资在合作方式和投资比例上也暂未达成能规避双方风险的方案解决共识，进而导致渔业公司进入节奏缓慢。

2. 主体合作制衡效果不理想

渔业公司在当地的良性发展基于公正、合理的利益分配关系，企业主体和当地农民主体存在着最直接的利益关系，但目前乡村对产业的承接性和参与性不足。一是农户基于自身的养殖技术不愿参与到产业结构调整中来，仅有部分农户和村级组织通过土地流转得到少量土地租赁收入，而渔业公司在生产交易和加工流通环节所产生的利润农户无法享有分红，在"经济账"上无法刺激小农经济的做法转变，这严重打击了农户参与的积极性和主动性。二是参与渔业公司产业具有一定的门槛限制，两岸在农产品检疫的标准和体制上存在较大的差异，渔业公司尤为注重养殖水产品的安全风险，但受限于地方机制、经济和发展程度的影响，如果与当地的农户合作，渔业公司难以严格把控生产全过程，从农户手中收购的产品存在不符合渔业公司规范要求的风险，因此渔业公司的合作对象仍然趋向于有经营能力和风险承担能力的小部分人，对农户而言还需提高自身的发展条件才有能力参与到产业振兴工作中。三是渔业公司与农户之间利益共享、风险共担意识不足，渔业公司和农户之间在地方政府牵引下建立产购销合作机制，以利益联结为基础，使得农户从外部市场交易转向与渔业公司的稳定合作关系，但企业主体与农户存在对市场信息掌握的不对等性，根据市场逐利性的倾向，在交易关系中难以避免因市场价格波动或生产成本上涨而将生产或成本风险转嫁到其中一方的情况出现，表现出企业与农户合作关系的不稳定性和脆弱性。

（三）破解渔业公司参与乡村振兴的路径建议

从该项目市场主体参与关系看，是以渔业公司为绝对主导、地方政府支持和引导、农户配合及合作的方式共同参与。农业市场化进程加速了政府职能的转变，政府作为乡村振兴的主导者还需承担起弥补市场缺陷、推动市场化改革等多元的经济职能[6]，以基础配套、公共服务、金融扶持、产业奖补方面的配套促进市场经济的开发性、资产性、商业化、经营化投资，充分发挥政府作用破除制约市场主体活力和要素优化配置的障碍，扮演好协调组织角色，不成为任何一方的利益相关参与者甚至是合谋者。以地方政府为联系纽带创建一个多元市场主体合作与制衡的环境，对破解市场主体支持乡村振兴的路径难题具有重要意义。

1. 强化项目经营属性，调动社会投融资主体的参与积极性

企业在前期开发和产业导入过程中，需要大量的投资，任何一方都无法独立承受建设压力，针对乡村振兴公益性和准公益性项目，以产权改革创新强化其经营属性，以夯实市场化投融资机制建设推动项目的可实施性。如本项目中市政道路、供水工程、污水工程、垃圾工程、农田水利、码头建设等项目内容

可采取市场化运作模式交由投融资主体运营，地方政府通过建设期补偿、运营期补偿、资源补偿以及部分环节市场化的方式调动社会投融资主体承接基础设施及公用事业项目建设的积极性，为核心参与主体的市场化融资创造条件，同时也缓解地方政府投资基础设施建设的财政负担。

2. 创新财政性资金投入方式，设立风险补偿基金

建立健全项目补偿机制，统筹部分涉农财政资金，将直接投入方式转化为乡村振兴风险补偿基金使用。一个是与主体企业建立风险补偿基金，政府从每年的财政收入中划拨一部分，企业、银行及融资担保机构从每年的盈利中划拨一部分，风险共担，受市场波动造成企业亏损和影响农户收益的部分由政府和企业按一定比例分担；再一个是与银行、融资担保机构也建立风险补偿基金，当出现到期无法履约的情况时，按照一定比例用风险补偿金对银行和融资担保机构进行补偿，从而达到财政资金对市场化投融资的激励作用。

3. 完善利益平衡机制，构建"渔业公司+村公司+农户"的运作模式

以项目区建设为试点，加快确权、确地和清产核资工作，推进农村集体所有资产资源折股化，组建村级产业发展公司，积极引导组织农民在自愿前提下用土地作股加入村公司，以村公司代表农户与渔业公司开展合作与交易，提高农民主体的话语权和谈判能力。渔业公司与村公司形成契约关系，并以风险补偿基金维持稳定的合作关系，渔业公司负责给农户提供培训、编制养殖计划、提供生产资金、技术力量及池塘生产设施建设、负责收购以及其他服务；村公司负责农民散户的集中管理、组织、监督和约束，先利用农户内部之间的信任关系和信息互通筛选符合条件的农户入股和加盟，并以新型农业经营主体形式向银行或金融机构贷款生产经营资金，使银行或金融机构的贷款主体从农户变为单一生产性组织，有效降低风险和交易成本。贷款资金用于向企业购买种苗、饲料、服务等农资，再以类似"小额信贷"的形式发放给加盟农户，破解农户主体的贷款难题。同时，新型农业主体要制定与农户之间的信贷制度，可通过联保的方式让农户自由选择信誉优、风险小的农户组成信贷风险联保小组，预缴信用保障金，促进用户之间形成互为监督的信用关系，以制度约束提高农户信用意识。联保的方法还可将不同风险程度的农户贷款者分离，有效节约银行或金融机构和村公司对农户信用信息的获取成本，将信贷风险控制在较低范围。通过与渔业公司开展订单带动、利润返还、股份合作等经营活动，村公司获得的收入一部分用于偿还贷款，另一部分用于利润分配。这样一来，则能充分利

用渔业公司、村公司、农户的农业价值链关系使之成为风险共担、利益共享的利益共同体。

六、结语

市场在资源配置中起决定性作用，实施乡村振兴战略要激发市场蕴藏的活力，把农村资源通过市场化运作的方式流转到农村经济价值创造者的手中。深化培育壮大涉农市场主体是促进农村经济发展的根本，在我国农村市场主体发展过程中，农村市场体系的建立还有待进一步完善，农村金融供需矛盾问题也待进一步解决。对照乡村振兴战略和金融供给侧结构性改革的要求，激发市场主体活力，构建农村多元化市场主体格局，关键在于做好农村市场环境建设，通过市场主体行为引导、政策扶持、市场运作、风险防控和改革创新创造一个法治化、透明化、可预期的农村营商环境，吸引各种资源要素加速汇聚到农村经济发展之中，才能充分发挥市场主体在乡村振兴中的作用。

参考文献

[1] 陈军伟. 平台公司参与乡村振兴具体路径[J]. 农家参谋，2019（18）：28-29.

[2] 丁武民. 乡村发展过程中的金融支持研究[D]. 青岛：中国海洋大学，2010.

[3] 李先军. 乡村振兴中的企业参与：关系投资的视角[J]. 经济管理，2019，41（11）：38-54.

[4] 徐顽强，王文彬. 乡村振兴的主体自觉培育：一个尝试性分析框架[J]. 改革，2018（8）：73-79.

[5] 姜松，喻卓. 农业价值链金融支持乡村振兴路径研究[J]. 农业经济与管理，2019（3）：19-32.

[6] 唐兴霖，金太军. 论市场化进程中的政府经济职能多元性[J]. 中山大学学报（社会科学版），2000（1）：123-129.